0—3岁
婴幼儿早期发展
专业人才培养

总主编 史耀疆

0—3岁婴幼儿心理发展的观察与评估

周念丽　李　英◎主编

岳　爱　关宏宇◎副主编

华东师范大学出版社
·上海·

图书在版编目(CIP)数据

0—3岁婴幼儿心理发展的观察与评估/周念丽,李英
主编. —上海:华东师范大学出版社,2022
(0—3岁婴幼儿早期发展专业人才培养)
ISBN 978-7-5760-2406-7

Ⅰ.①0… Ⅱ.①周…②李… Ⅲ.①婴幼儿心理学—
职业教育—教材 Ⅳ.①B844.12

中国版本图书馆 CIP 数据核字(2022)第 021916 号

"0—3岁婴幼儿早期发展专业人才培养"丛书

0—3岁婴幼儿心理发展的观察与评估

主　　编　周念丽　李　英
项目编辑　蒋　将
特约审读　陈晓红
责任校对　王丽平　时东明
版式设计　宋学宏
封面设计　卢晓红

出版发行　华东师范大学出版社
社　　址　上海市中山北路 3663 号　邮编 200062
网　　址　www.ecnupress.com.cn
电　　话　021-60821666　行政传真 021-62572105
客服电话　021-62865537　门市(邮购)电话 021-62869887
地　　址　上海市中山北路 3663 号华东师范大学校内先锋路口
网　　店　http://hdsdcbs.tmall.com

印 刷 者　上海邦达彩色包装印务有限公司
开　　本　787×1092　16 开
印　　张　14.5
字　　数　286 千字
版　　次　2022 年 8 月第 1 版
印　　次　2022 年 8 月第 1 次
书　　号　ISBN 978-7-5760-2406-7
定　　价　56.00 元

出 版 人　王　焰

编　委　会

总　序

　　2014 年 3 月,本着立足陕西、辐射西北、影响全国的宗旨,形成应用实验经济学方法探索和解决农村教育均衡发展等问题的研究特色,致力于推动政策模拟实验研究向政府和社会行动转化,从而促成教育均衡的发展目标,陕西师范大学教育实验经济研究所(Center for Experimental Economics in Education at Shanxi Normal University,简称 CEEE)正式成立。CEEE 前身是西北大学西北社会经济发展研究中心(Northwest Socioeconomic Development Research Center,简称 NSDRC),成立于 2004 年 12 月。CEEE 也是教育部、国家外国专家局"高等学校学科创新引智计划——111 计划"立项的"西部贫困地区农村人力资本培育智库建设创新引智基地"、北京师范大学中国基础教育质量监测协同创新中心的合作平台。自成立以来,CEEE 瞄准国际学术前沿和国家重大战略需求,面向社会和政府的需要,注重对具体的、与社会经济发展和人民生活密切相关的实际问题进行研究,并提出相应的解决方案。

　　过去 16 年,NSDRC 和 CEEE 的行动研究项目主要涵盖五大主题:"婴幼儿早期发展""营养、健康与教育""信息技术与人力资本""教师与教学"和"农村公共卫生与健康"。围绕这五大主题,CEEE 开展了累计 60 多项随机干预实验项目。这些随机干预实验项目旨在探索并验证学术界的远见卓识,找到改善农村儿童健康及教育状况的有效解决方案,并将这些经过验证的方案付诸实践、推动政策倡导,切实运用于解决农村儿童面临的健康和教育挑战。具体来看,"婴幼儿早期发展"项目旨在通过开创性的研究探索能让婴幼儿终生受益的"0—3 岁儿童早期发展干预方案";"营养、健康与教育"项目旨在解决最根本阻碍农村学生学习和健康成长的问题:贫血、近视和寄生虫感染等;"信息技术与人力资本"项目旨在将现代信息技术引入农村教学、缩小城乡数字化鸿沟;"教师与教学"项目旨在融合教育学和经济学领域的前沿研究方法,改善农村地区教师的教学行为、提高农村较偏远地区学校教师的教学质量;"农村公共卫生与健康"项目旨在采用国际前沿的"标准化病人法"测量农村基层医疗服务质量,同时结合新兴技术探索提升基层医疗服务质量的有效途径。

　　从始至今,CEEE 开展的每个项目在设计以及实施中都考虑项目的有效性,使用成熟和前沿的科学影响评估方法,严谨科学地评估每一个项目是否有效、为何有效以及如何改进。

在通过科学的研究方法了解了哪些项目起作用、哪些项目作用甚微后,我们会与政策制定者分享这些结果,再由其推广已验证有效的行动方案。至今,团队已发表论文230余篇,累计120余篇英文论文被SCI/SSCI期刊收录,80余篇中文论文被CSSCI期刊收录;承担了国家自然科学基金重点项目2项,省部级和横向课题50多项;向国家层面和省级政府决策层提交了29份政策简报并得到采用。除此之外,CEEE的科学研究还与公益相结合,十几年来在上述五大研究领域开展的项目累计使数以万计的儿童受益;迄今为止,共为农村儿童发放了100万粒维生素片,通过随机干预实验形成的政策报告推动了3300万名学生营养的改善;为农村学生提供了1700万元的助学金;在800所学校开展了计算机辅助学习项目;为6000户农村家庭提供婴幼儿养育指导;为农村学生发放了15万副免费眼镜;通过远程方式培训村医600人;对数千名高校学生和项目实施者进行了行动研究和影响评估的专业训练……CEEE一直并将继续坚定地走在推动农村儿童健康和教育改善的道路上。

在长期的一线实践和研究过程中,我们认识到要提高农村地区的人力资本质量需从根源着手或是通过有效方式,为此,我们持续在"婴幼儿早期发展"领域进行探索研究。国际上大量研究表明,通过对贫困家庭提供婴幼儿早期发展服务,不仅在短期内能显著改善儿童的身体健康状况,促进其能力成长和学业表现,而且从长期来看还可以提高其受教育程度和工作后的收入水平。但是已有数据显示,中低收入国家约有2.49亿5岁以下儿童面临着发展不良的风险,中国农村儿童的早期发展情况也不容乐观。国内学者的实证调查研究发现,偏远农村地区的婴幼儿早期发展情况尤为严峻,值得关注。我国政府也已充分意识到婴幼儿早期发展问题的迫切性和重要性,接连出台了《国家中长期教育改革和发展规划纲要(2010—2020年)》《国家贫困地区儿童发展规划(2014—2020年)》《国务院办公厅关于促进3岁以下婴幼儿照护服务发展的指导意见》(2019年5月)、《支持社会力量发展普惠托育服务专项行动实施方案(试行)》(2019年10月)和《关于促进养老托育服务健康发展的意见》(2020年12月)。然而,尽管政府在推进婴幼儿早期发展服务上作了诸多努力,国内婴幼儿早期发展相关的研究者和公益组织在推动婴幼儿早期发展上也作了不容忽视的贡献,但是总体来看,我国的婴幼儿早期发展仍然存在五个缺口,特别是农村地区:第一,缺认识,即政策制定者、实施者、行动者和民众缺乏对我国婴幼儿早期发展问题及其对个人、家庭、社会和国家长期影响的认识;第二,缺人才,即整个社会缺少相应的从业标准,没有相应的培养体系和认证体系,也缺少教师/培训者的储备以及扎根农村从业者的人员储备;第三,缺证据,即缺少对我国婴幼儿早期发展的问题和根源的准确理解,缺少回应我国婴幼儿早期发展问题的政策/项目有效性和成本收益核算的影响评估;第四,缺方法,即缺少针对我国农村婴幼儿早期发展面临的问题和究其根源的解决方案,以及基于作用机制识别总结出的、被验证的、宜推广的操作步骤;第五,缺产业,即缺少能够系统、稳定输出扎根农村的婴幼儿早期发展服务人才的职业院校或培训机构,以及可操作、可复制、可持续发展的职业院校/培训机构模板。

自国家政策支持社会力量发展普惠托育服务以来,已经有多方社会力量积极进入到了该行业。国家托育机构备案信息系统自 2020 年 1 月 8 日上线以来,截至 2021 年 2 月 1 日,全国规范化登记托育机构共 13477 家。但是很多早教机构师资都是由自身培训系统产出,不仅培训质量难以保证,而且市场力量的介入加重了家长的焦虑(经济条件不好的家庭可能无法接触到这些早期教育资源,经济条件尚可的家庭有接受更高质量的早教资源的需求),这都使得儿童早期发展的前景堪忧。此外,市面上很多早教资源来源于国外(显得"高大上",家长愿意买单),但这并非本土适配的资源,是否适用于中国儿童有待商榷。最后,虽然一些高校研究机构及各类社会力量都已提供了部分儿童早期发展服务人员,但不管从数量上,还是从质量(科学性、实用性)上,现阶段的人才供给都还远不能满足社会对儿童早期发展人才的需求。

事实上,由于自大学本科及研究生等更高教育系统产出的婴幼儿早期发展专业人才很难扎根农村为婴幼儿及家长提供儿童早期发展服务,因此,从可行性和可落地性的角度考虑,开发适用于中职及以上受教育程度的婴幼儿早期发展服务人才培养的课程体系和内容成为我们新的努力方向。2014 年 7 月起,CEEE 已经开始探索儿童早期发展课程开发并且培养能够指导农村地区照养人科学养育婴幼儿的养育师队伍。项目团队率先组织了 30 多位教育学、心理学和认知科学等领域的专家,结合牙买加在儿童早期发展领域进行干预的成功经验,参考联合国儿童基金会 0—6 岁儿童发展里程碑,开发了一套适合我国农村儿童发展需要、符合各月龄段儿童心理发展特点和规律、以及包括所研发的 240 个通俗易懂的亲子活动和配套玩具材料的《养育未来:婴幼儿早期发展活动指南》。在儿童亲子活动指导课程开发完成并成功获得中美两国版权认证后,项目组于 2014 年 11 月在秦巴山区四县开始了项目试点活动,抽调部分计生专干将其培训成养育师,然后由养育师结合项目组开发的亲子活动指导课程及玩教具材料实施入户养育指导。评估结果发现,该项目不仅对婴幼儿监护人养育行为产生了积极影响,而且改善了家长的养育行为,对婴幼儿的语言、认知、运动和社会情感方面也有很大的促进作用:与没有接受干预的婴幼儿相比(即随机干预实验中的"反事实对照组"),接受养育师指导的家庭婴幼儿认知得分提高了 12 分。该套教材于 2017 年被国家卫生健康委干部培训中心指定为"养育未来"项目指定教材,且于 2019 年被中国家庭教育学会推荐为"百部家庭教育指导读物"。2020 年 CEEE 将其捐赠予国家卫生健康委人口家庭司,以推进未来中国 3 岁以下婴幼儿照护服务方案的落地使用。此外,考虑到如何覆盖更广的人群,我们先后进行了"养育中心模式"服务和"全县覆盖模式"服务的探索。评估发现有效后,这些服务模式也获得了广泛的社会关注和认可。其中,由浙江省湖畔魔豆公益基金会资助在宁陕县实现全县覆盖的"养育未来"项目成功获选 2020 年世界教育创新峰会

（World Innovation Summit for Education，简称 WISE）项目奖，成为全球第二个、中国唯一的婴幼儿早期发展获奖项目。

自 2018 年起，CEEE 为持续助力培养 0—3 岁婴幼儿照护领域的一线专业人才，联合多方力量成立了"婴幼儿早期发展专业人才（养育师）培养系列教材"编委会，以婴幼儿早期发展引导员的工作职能要求为依据，同时结合国内外儿童早期发展服务专业人才培养的课程，搭建起一套涵盖"婴幼儿心理发展、营养与喂养、保育、安全照护、意外伤害紧急处理、亲子互动、早期阅读"等方面的课程培养体系，并在此基础上开发这样一套专业科学、经过"本土化"适配、兼顾理论与实操、适合中等受教育程度及以上人群使用的系列课程和短期培训课程，用于我国 0—3 岁婴幼儿照护服务人员的培养。该系列课程共 10 门教材：《0—3 岁婴幼儿心理发展的基础知识》与《0—3 岁婴幼儿心理发展的观察与评估》侧重呈现婴幼儿心理发展基础知识与理论以及对婴幼儿心理发展状况的日常观察、评估及相关养育指导建议等，建议作为该系列课程的基础内容首先进行学习和掌握；《0—3 岁婴幼儿营养与喂养》与《0—3 岁婴幼儿营养状况评估及喂养实操指导》侧重呈现婴幼儿营养与喂养的基础知识及身体发育状况的评估、喂养实操指导等，建议作为系列课程第二阶段学习和掌握的重点内容；《0—3 岁婴幼儿保育》、《0—3 岁婴幼儿保育指导手册》与《婴幼儿安全照护与伤害的预防和紧急处理》侧重保育基础知识的全面介绍及配套的练习操作指导，建议作为理解该系列课程中婴幼儿心理发展类、营养喂养类课程之后进行重点学习和掌握的内容；此外，考虑到亲子互动、早期阅读和家庭指导的重要性，本系列课程独立成册 3 门教材，分别为《养育未来：婴幼儿早期发展活动指南》、《0—3 岁婴幼儿早期阅读理论与实践》、《千天照护：孕婴营养与健康指导手册》，可在系列课程学习过程当中根据需要灵活穿插安排其中。这套教材不仅适合中高职 0—3 岁婴幼儿早期教育专业授课使用，也适合托育从业人员岗前培训、岗位技能提升培训、转岗转业培训使用。此外，该系列教材还适合家长作为育儿的参考读物。

经过三年多的努力，系列教材终于成稿面世，内心百感交集。此系列教材的问世可谓恰逢其时，躬逢其盛。我们诚心寄望其能为贯彻党的十九大报告精神和国家"幼有所育"的重大战略部署，指导家庭提高 3 岁以下婴幼儿照护能力，促进托育照护服务健康发展，构建适应我国国情的、本土化的 0—3 岁婴幼儿照护人才培养体系，提高人才要素供给能力，实现我国由人力资源大国向人力资源强国的转变贡献一份微薄力量！

史耀疆

陕西师范大学

教育实验经济研究所所长

2021 年 9 月

前　言

　　0—3岁儿童的发展极为迅速,要敏感地捕捉他们的发展速率和变化过程,主要需要通过每天日积月累的随时性和预设性观察。与此同时,0—3岁儿童由于年幼,其语言表达能力有很大局限性,成人无法直接对他们进行问卷调查或访谈,所以对他们外在行为和表情的观察便成为最重要的手段;而评估伴随着婴儿的第一声啼哭,无时无刻不渗透在他们的成长过程中,因为对他们身心发展的关注最终能成为物化结果的就是通过观察等手段进行的评估。因此,要真正为0—3岁儿童系好他们人生的第一颗扣子,对其心理发展的观察与评估就不可或缺。所以,当陕西师范大学教育实验经济研究所(CEEE)“养育未来”项目负责人史耀疆教授把撰写这本《0—3岁婴幼儿心理发展的观察与评估》的光荣而又艰巨的任务交付给我们时,我既欣喜不已,又深深地感到了被信任和肩上的责任之重大!

　　接到任务后,我便开始遍寻相关的参考书籍和文献,但很难找到一本现成的0—3岁儿童观察与评估的书,与本书题目类似的只有我自己数年前编写出版的一本。这就意味着必须突破自己,而且需要将分散在学术大海中有关0—3岁婴幼儿观察与评估的信息打捞出来,串起本书的珍珠。

　　在编写过程中,我们做了以下三方面的尝试。

　　首先,厘清概念,辨析关系。观察与评估因为关系太过紧密,学者们通常会将其混为一谈。为使读者能清楚地把握两者的概念与关系,本书的第一章用了较大篇幅来分别阐述何为观察、何为评估以及两者之间的关联和区别。

　　其次,搭建结构,疏而不漏。本书为《0—3岁婴幼儿心理发展的基础知识》的姊妹篇,结构上也是纵横交错。

　　所谓“纵”,指整体上对0—3岁婴幼儿的月龄分段。本书根据婴儿越小、发展越迅速的特点,把0—1岁婴儿分成“0—3个月”、“4—6个月”、“7—12个月”四个月龄段,而1—2岁幼儿的月龄分段就适当放宽,分别为“13—18个月”、“19—24个月”两个月龄段,而2—3岁幼儿的发展速度相对放慢,所以多数章节就完整地以“25—36个月”这一个月龄段来分别描述如何根据其心理发展的相关基础知识来进行观察与评估。

　　所谓“横”,指每个月龄段都涵盖“感知觉”、“动作”、“认知”、“言语”及其“社会性-情绪”

五大板块。对 0—3 岁婴幼儿的"感知觉"发展观察与评估,分别从视听觉和味觉、嗅觉入手;对 0—3 岁婴幼儿"动作"发展的观察与评估,分别从粗大动作和精细动作两部分来进行;对 0—3 岁婴幼儿"认知"发展的观察与评估,分别聚焦注意、记忆和思维三大板块;对 0—3 岁婴幼儿"言语"发展的观察与评估,分别从"言语理解"和"言语表达"两方面来实施;对 0—3 岁婴幼儿"社会性-情绪"发展的观察与评估,则可从"社会性"中的"自我与他人"以及"情绪"中的理解与表达四个层面来实施。

第三,设置"标的",按需施测。

"标的"原意是靶子,在此是指本书第二至第六章选取的关乎 0—3 岁婴幼儿心理发展观察与评估的某一要点,这个要点可能是 0—3 岁婴幼儿的某个行为或某种言语表达,抑或某种气质和情绪表达。通览全书,会发现每章所聚焦的月龄不尽统一,即使在同一章,在不同月龄段中各个子领域选取的观察与评估的量也不尽相同。其根本原因就是基于 0—3 岁婴幼儿心理发展的里程碑事件。

本书中的"里程碑事件"是指 0—3 岁婴幼儿在感知觉、动作、认知、言语以及社会性-情绪从量变到质变的关键时刻之表现。由于 0—3 岁婴幼儿在这五大板块发展中的里程碑事件各不相同,且有些行为在 1 岁以后就大体不再有大的变化,因此会出现各章节所选取观察与评估的婴幼儿的月龄段不尽相同的情况。

本书的特点有三个:观察与评估并存、建议与警示同行、论述与实践并用。

第一,观察与评估并存。本书第二至第六章中的表格都是先呈现观察程序和聚焦行为,再给出评估的要点,以便于读者能将观察与评估紧密结合起来。

第二,建议与警示同行。在运用观察与评估表格之后,会对发展水平值得引起注意的与婴幼儿有关联的成人提出分析和建议。对有些存在显著发展差异的则会用红笔标出"预警提示",以便引起成人的足够重视。

第三,论述与实践并用。除了给出理论建议,还会在每个观察与评估内容后面附上两个游戏,让使用者能据此进行日常游戏,进而具体地促进观察与评估所聚焦的婴幼儿心理发展。

本书的框架构成、统稿及第一章由周念丽负责和撰写,第二章由李欢(华东师范大学博士在读)撰写,第三章由万俊(上海市徐汇区乌鲁木齐南路幼儿园)撰写,第四章由程颖(上海布鲁可科技有限公司)撰写,第五章由王杉(上海市新陆职业技术学校)撰写,第六章由毛春华(河南周口师范学院)撰写。

本书在撰写过程中,得到了陕西师范大学教育实验经济研究所(CEEE)"养育未来"项目组的史耀疆教授、李英老师、岳爱老师、吕欢欢助理等不厌其烦地悉心指导,且连续两年组织专家评审工作坊,严谨的工作态度令人感佩,感激之情溢于言表!

在本书的撰写过程中，我也经历了至亲突然溘然长逝的巨大悲痛，久久不能进入到工作状态，感谢陕西师范大学教育实验经济研究所(CEEE)"养育未来"项目组及相关合作伙伴的忍耐和宽容，让我假以时日，略微抚平悲痛后完成本书的撰写和审定。最后，感谢我的女儿张瀛舟，能够在突然遭受灭顶之灾后与我相依为命，携手砥砺前行！

周念丽

2021 年 6 月 15 日

目 录

第一章

0—3 岁婴幼儿心理发展观察与评估的总述

学习目标

1. 清晰明确观察与评估的核心概念。

2. 初步掌握观察与评估的主要方法。

3. 熟悉了解本书的框架结构和重点。

学习重点

1. 观察与评估的核心概念。

2. 观察与评估的内在关联。

3. 观察与评估的主要方法。

```
0—3岁婴幼儿心理发展
观察与评估的总述
├── 概念与关联
│   ├── 观察的核心概念
│   │   ├── 定义
│   │   ├── 来源
│   │   ├── 分类
│   │   ├── 特性
│   │   └── 意义
│   ├── 评估的核心概念
│   │   ├── 定义
│   │   ├── 过程
│   │   ├── 特性
│   │   └── 意义
│   └── 观察与评估的关联
│       ├── 观察是评估的基础
│       ├── 观察是评估的工具
│       └── 观察是评估的依据
├── 主要方法
│   ├── 观察的主要方法
│   │   ├── 描述的方法
│   │   ├── 取样的方法
│   │   └── 评定的方法
│   └── 评估的主要方法
│       ├── 个体评估：个案法
│       ├── 小组评估：文档法
│       ├── 托育机构：课程评估
│       └── 家园互动：问卷和访谈
└── 结构与重点
    ├── 框架结构
    │   ├── 形成的依据
    │   └── 具体的内容
    ├── 重点选择
    │   ├── 标的之选择
    │   └── 方法之选择
    └── 分析与建议
        ├── 分析板块
        └── 建议板块
```

0—3岁婴幼儿的身心发展极为迅速,要敏感地捕捉他们的发展速率和变化过程,需通过日积月累的随时性和预设性观察和评估,据此,为科学育儿和适宜性保教提供精准参考。

本章将围绕观察与评估的核心概念、主要方法以及本书所形成观察与评估的结构和重点加以阐释。

第一节　观察与评估的核心概念

"工欲善其事,必先利其器",我们要准确地对0—3岁婴幼儿进行观察评估,必须先利我们的"器",它就是关乎0—3岁婴幼儿心理发展观察与评估的核心概念。本节将分别对观察、评估这两个核心概念加以诠释,并对两者的关联进行分析。

一、观察的核心概念

围绕观察的核心概念,将从其定义、来源、分类、特性和意义五个方面来阐述。

(一) 定义

观察,是人类认识世界的一个最基本的方法,也是从事科学研究的一个重要手段。[①] 从教育学角度来说,观察就是"既看又想"的过程(肖湘宁,2012)。观察的源头来自家庭或托幼机构的一线;观察的渠道是观察者的视觉、听觉以及触觉等多感觉通道;观察获得的结果是文字描述和数量统计这两种数据。

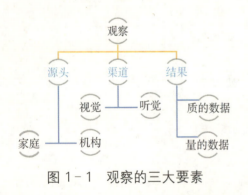

图 1-1　观察的三大要素

为便于大家理解,用图1-1直观表示观察的源头、渠道和所获结果的三大要素。

本书所阐述的观察是一种专业观察。专业观察是指运用本教材者,通过自己的视听觉以及触觉等,有目的、有计划地对0—3岁婴幼儿心理发展进行感知和描述,从而获得有关0—3岁婴幼儿感知觉、动作、认知、言语以及社会性-情绪的发展的事实资料的活动。

---

① 陈向明. 质的研究方法与社会科学研究[M].北京:教育出版社,2000:227.

（二）来源

观察信息的来源具有多源性，因为0—3岁婴幼儿的心理发展是多维度的，影响其心理发展的因素也是多层次的。因此，多角度收集观察信息应该最为适宜。

所谓"多角度收集观察信息"，是指观察时运用多种信息源和多种路径来获取信息的方法。多种信息源来自0—3岁婴幼儿及其同伴、家长、关联专家和成人；多种路径则是指观察者在户外或室内、教室或观察室使用纸笔或其他材料来进行系统的观察、访谈或作品分析等。

观察信息的收集来源主要包括两个方面：儿童及其关联成人。

• 从0—3岁婴幼儿处获取观察信息

观察和分析0—3岁婴幼儿在集体活动中的游戏或其他参与方式，会收集到用任何其他方式都很难获得的集体活动信息。

从0—3岁婴幼儿那里获取观察信息就是指在教室里的日常托育活动中获得观察的结果。比如，当老师从绘本中选取一个故事读给18—36个月幼儿听时，就可以观察记录他们倾听时的注意力、兴趣度以及对绘本故事的理解力。0—3岁婴幼儿日常参与的游戏活动也为我们提供了丰富的观察信息。

• 从相关成人处获取观察信息

0—3岁婴幼儿的父母、托育机构教师以及其他相关专家等成年人也可成为观察信息获取的间接来源。

家长在多角度收集观察信息时扮演了重要角色，因为他们比任何人都更清楚自己的孩子，而且家长最有可能会看到0—3岁婴幼儿在托育机构中没有表现的一面，因此他们提供的有关家庭方面的信息对教师而言就很重要。比如嘟嘟很少在托育机构里讲话，在集体活动时间也从不参加唱歌或手指游戏等活动。老师从父母口中得到了一些重要的信息，父母告诉老师嘟嘟在家里所做的一切：他会开心地唱歌，喜欢玩手指游戏。由此推测，可能不是所有的0—3岁婴幼儿都能在托育机构里展示出他们最成熟的行为，或许他们可能会向特定的人展示他们个性的不同方面。

教师及其他相关专业人士也是观察信息获取的重要信息源。教师以及专业人员在不同背景和不同时间对0—3岁婴幼儿的观察，能为0—3岁婴幼儿提供丰富的多学科视角。

（三）分类[①]

观察按照不同的依据有不同的分类方式，在此作择要介绍。

---

① 分类名称和定义主要参照：施燕，韩春红. 学前儿童行为观察[M]. 上海：华东师范大学出版社，2011.

1. 正式观察与非正式观察

根据观察过程的预设性和控制性,观察可分为正式观察和非正式观察。

正式观察是一种有预设、有系统的观察;反之,则称为非正式观察。因为本书所采用的方法主要是正式观察,因此用图1-2来进行直观解释。

图1-2 正式观察的示意图

正式观察的步骤如下:

首先,确定需观察的行为,这个行为应该是具有独特意义的。

其次,界定观察行为的操作定义。在正式观察时,观察者首先应对该行为的表现特征以及行为涵义都有明确的定义。

第三,预测观察行为的发生。在观察时应使用相应的详尽表格,对在何时、何地、何种情形下会发生该行为有个预估,同时对该行为可能产生的结果也要有估计。

下面以对3个月婴儿的动作观察为例来加以说明。

首先,需选定观察的行为。通过文献查找和日常观察所知,"自主抬头"具有重要的心理发展意义,该动作需要婴幼儿的中枢神经控制和身体肌肉发展同时达到一定水平才可以出现,是动作发展的里程碑。因此,将"自主抬头"作为观察要点。

其次,界定"自主抬头"行为的概念。所谓"自主抬头"是指婴儿在不需要他人的外力支持下,自己可以在俯卧时把头昂起来的行为。为保障观察过程和结果的专业性和科学性,在对该行为实施观察之前,需明确"自主抬头"行为的相关概念。

第三,预测"自主抬头"发生时间和地点以及可能出现的情形。根据3个月婴儿生活的一般规律,需观察者及时捕捉他们难得的清醒时刻,并且在睡醒和哺乳前的时间段最为合适,因为刚哺乳后,婴儿容易回奶,不便观察。观察地点可选择婴儿床。同时,需在婴儿神清气爽、处于愉悦的情形下进行观察,因为他们如果在哭闹,很少会自主抬头。

正式观察的关键点在于预设观察场景和制订观察表格。以下为具体示例:

观察3个月婴儿自主抬头

★评估目的:了解3个月婴儿头部直立动作的发展情况。

★观察工具:婴儿喜欢有声响的玩具,如小摇铃或拨浪鼓等。

★环境准备:婴儿清醒时,在家中安全的地方,比如在自己的床上或其他可活动的地方(注意:不要在婴儿刚吃过奶的情况下进行,以免婴儿吐奶)

★观察要点:婴儿能否不靠外力自己抬头。

★观察步骤:当婴儿睡醒后,让其俯卧,用发声玩具放在婴儿眼前轻轻摇晃,吸引婴儿的注意,观察婴儿控制头部的能力。

表 1-1　3个月婴儿自主抬头行为检核表

婴儿名字_____　出生日期_____年____月____日　性别_____
陪同测试_____　测试日期_____年____月____日　测试者_____

观察记录	物体	行为表现	记录	
			是	否
	发声玩具	能将头自主抬起		
		不依靠外力自主将头部竖直稳定的时间	（秒）	

2. 参与观察与非参与观察

根据观察者是否在观察过程中与被观察者进行互动的情况,可分为"参与观察"和"非参与观察"两种类型。

"参与观察"是指观察者在与0—3岁婴幼儿互动的过程中所进行的观察,"非参与观察"则是指以局外人身份,冷眼旁观进行观察的方法。本书各章所运用的方法基本上都是参与观察。这种观察的优点是因为基于日常生活活动,是在被观察者熟悉的环境中进行,特别是当观察者就是0—3岁婴幼儿熟悉的照护者或教师时,就不会给婴幼儿带来心理压力,由此他们的行为也能与日常表现并无二致,从而让观察者达到观察目的。但值得注意的是,参与观察容易有一些疏漏,因为观察者是一边与婴幼儿互动,一边进行观察,对经验不足的观察者来说具有一定的挑战性,弥补不足的较好方法是观察者需预先熟悉观察要点,并能将观察程序了然于心。

3. 直接观察与间接观察

根据是否借助仪器和技术手段来观察,可将观察方法分为"直接观察"和"间接观察"。

"直接观察"是指观察者身临其境,通过自己的视觉、听觉乃至触觉等对被观察者进行观察,从而获得第一手资料的活动。而"间接观察"是指观察者通过视频录像以及对一些儿童行为中留下的痕迹进行观察的活动。因为直接观察所获得的是第一手资料,具有真切、直观等特点,因此本书第二章至第六章所列举的观察案例大都是采用了"直接观察"方法。

4. 取样观察与评定观察

根据观察内容是否连续完整以及记录方法的不同,可分为"取样观察"和"评定观察"。

"取样观察"是指依据一定标准选取被观察对象的某些心理活动和行为表现来对其进行观察,或者选择对特定时间内的行为进行观察记录的一种方法。比如前面列举的3个月婴儿的"自主抬头"行为,就是以3个月婴儿在清醒时是否可以不依靠外力自己把头抬起作为观察的样本来进行观察。

"评定观察"是观察者在对学前儿童观察的基础上,对其行为或事件做出判断的方法。

虽然评定观察应该属于后面要涉及的评估范畴,但由于评定观察是建立在观察者对被观察者平时观察的基础上,且往往是通过多次观察获得,所以一般情况下仍把评定观察作为行为观察的一种方法。因此,本书也将此法纳入观察之列。在本书中,主要采用两种评定观察方法,一是行为检核,以"是""否"等两分法指标检核为多,上面的表 1-1 就是行为检核的例子,而等级评定法常以频度、长度等为单位进行评定,请参见表 1-2。

表 1-2　3 个月婴儿自主抬头行为评定表

婴儿名字＿＿＿＿　出生日期＿＿＿年＿＿月＿＿日　性别＿＿＿＿
陪同测试＿＿＿＿　测试日期＿＿＿年＿＿月＿＿日　测试者＿＿＿＿

	物体	行为表现	记　　录			
			从不	偶尔	经常	总是
观察记录	发声玩具	能将头自主抬起	若婴儿从不或偶尔能将头竖直并且不能稳定 10 秒或以上,需要引起高度关注;若经常或总是能将头竖直并且能稳定 10 秒或以上,则说明婴儿自主抬头动作发展较好。			

(四) 特性

由于对 0—3 岁婴幼儿心理发展的了解大都需要对他们的外在行为进行深入细致的观察,而他们的行为表现相较于别的年龄段儿童更具明显整合性和节律性,即动作与表情、语言的高度整合和每个阶段发展所体现出明显的阶段特征之节律。因此,对 0—3 岁婴幼儿的观察更需具有目的性、客观性和系统性这三大特性。

1. 观察的目的性

对 0—3 岁婴幼儿进行观察的目的在于深入了解他们的身心发展水平。通过深入细致的观察,可收集 0—3 岁婴幼儿在感觉、运动、言语、认知、情感以及社会性方面不同的发展水平和类型信息。通过观察可分辨不同气质的 0—3 岁婴幼儿在适应新环境时所表现出来的不同方式,进而为他们制订具有个性特征的保教计划和决定适宜的保教方式。

2. 观察的客观性

由于 0—3 岁婴幼儿的语言表达能力受限,他们很难用言语对我们的观察纠偏,因此对他们的行为观察需尽可能保持客观。

要做到观察的客观性有三种技巧:首先,应注意避免自己的偏见。例如我们应避免对一见人就哭的 0—3 岁婴幼儿会不由自主心生厌烦情绪,因为这会使我们在观察中更多注意其消极面。其次,应避免秉持刻板印象,给 0—3 岁婴幼儿贴标签。所谓刻板印象是指以先入为主的固定概念看待0—3岁婴幼儿,比如主观地认为学历高的父母,他们的孩子一定是高智商,从而在对这些0—3岁婴幼儿进行观察时就会有意拔高对其的行为判断。第三,需努力准确地说明所观察到的行为,并根据这些事实将推论分开。当观察一个0—3岁婴幼儿的哭泣行为时,应准确地将其哭泣的诱因和他/她在不同场合下哭泣的长度及强度加以说明,而不是简单地推论都是因为饥饿引起的哭泣行为。

3. 观察的系统性

因为0—3岁婴幼儿的发展极为迅速,因此需进行系统性的观察。所谓系统性观察,是指有效地利用观察的信息来源,对0—3岁婴幼儿的特定行为模式、出现的各种情况以及朝着既定目标的进展行为进行持久的、多维度的观察。如前所述,在对0—3岁婴幼儿心理发展的观察中,必须注重观察信息的主要来源,那就是0—3岁婴幼儿及其相关的成人。

观察系统中0—3岁婴幼儿不可或缺。0—3岁婴幼儿虽然弱小,但他们也会自觉或不自觉地提供有关自己活动的信息,对他们喜欢和不喜欢以及他们理解的内容做出反应。系统地观察0—3岁婴幼儿,收集到有关他们的信息的最广泛使用的方式就是观看他们的行为和聆听他们的童言稚语。

观察系统中相关成人也非常重要。0—3岁婴幼儿家长和托育机构中的教师是观察的主力军。比如当教师或家长看见2岁的丁丁大部分时间都在专心玩积木,对游戏很感兴趣,那他们就会持续地观察是什么种类的积木、多少量的积木能激发丁丁的游戏兴趣;反之当丁丁失去兴趣,随意扔玩具,教师或家长也会持续观察丁丁放弃玩积木的原因。

(五) 意义

对0—3岁婴幼儿心理发展进行有目的、有系统的观察的意义何在?对此将略作分析。

一方面,能为促进0—3岁婴幼儿心理发展提供决策参考,帮助家长及早发现高危婴幼儿。

以往对0—3岁婴幼儿的观察往往是由相关人员独自采取一种或两种措施,只关注0—3岁婴幼儿的某一心理发展维度的观察,这种观察由于受时间等限制,往往很难获取充分的信息。改善之道乃在于使用多角度的观察信息方式。当为促进0—3岁婴幼儿心理发展考虑重要决策时,例如建构0—3岁婴幼儿心理发展课程、向家长报告或针对行为问题采取行动时,都应使用多种措施收集观察数据。此外,如参与评估有特殊需求和高风险0—3岁婴幼儿工作,诊断其可能存在的发展高危倾向时,更需要采取多种措施来观察0—3岁婴幼儿。

另一方面,能使托育机构的教师通过多个观察"窗口"来收集0—3岁婴幼儿的信息。就如一个有很多窗户的房子,从不同的窗户才可看到不同的风景,只靠一个信息来源不能说明所有的问题。一个思路解释了0—3岁婴幼儿行为的一方面,然而另外一个却不能,多维度地观察0—3岁婴幼儿的心理发展，就能让托育机构的教师从多个窗户得到全面的结果，其获得的观察信息也会更充分。

二、评估的核心概念

评估（assessment）伴随着婴儿的第一声啼哭，无时无刻不渗透在他们的成长过程中，因为对他们身心发展的关注能成为物化结果的就是通过观察等手段进行的评估。围绕评估的核心概念，将从其定义、过程、特性和意义四个方面来阐述。

（一）定义

本书中的"评估"，是对英文中的评估或评价（assessment）的意译，指收集相关信息以便做出教育决策或0—3岁婴幼儿教育干预对策的过程。评估方法包括观察、儿童活动记录、检核表、等级量表等[1]。针对0—3岁婴幼儿心理发展，一个好的评估应该是全面、多学科视角、基于0—3岁婴幼儿的日常生活的。本书的评估涵盖了0—3岁婴幼儿发展的五大方面：感知觉、动作、言语、认知、社会性-情绪。

（二）过程

尽管对0—3岁婴幼儿心理评估的方法多样，心理测验的种类繁多，具体方法各不相同，但无论哪种心理评估，都有共同的特征，一般包括以下七个方面的步骤或要求。为便于直观理解，用图1-3来显示具体过程。

图1-3　心理评估的基本步骤

1. 明确评估目的

开始评估之前，首先要知道通过评估获得哪些结果或要解决什么样的问题。在促进0—3岁婴幼儿成长的过程中，最常做的评估是定期对0—3岁婴幼儿进行心理发育水平的评估。

---

[1] National Association for the Education of Young Children. NAEYC Early Childhood Program Standards and Accreditation Criteria: The Mark of Quality in Early Childhood Education. Redleaf Press，2005.

下面在对评估的意义进行阐述的部分,还会详尽地介绍评估目的。

2. 了解评估对象

要对0—3岁婴幼儿实施评估,首先要了解他们的基本情况,主要包括月龄、性别、抚养方式及其主要照护者,以及涉及智力水平、语言能力、情绪状态和人际交流状况等生长发育的大致情况。这对于选择合适的评估方法,制订可行的评估方案均是重要的参考因素。

3. 选择评估方法

确定评估目的和对象后,就要确定评估的内容和适宜的评估方法。评估方法因内容而异,有的比较简单,仅对评估对象的单个心理特性或指标进行评估,例如对运动发育的筛查性评估,评估者选用一个适宜的神经运动测验即可解决问题。有的评估则相对复杂,需要选用多种方法综合运用才能解决问题,例如对神经运动发育障碍的诊断性评估,不仅要选用诊断性神经运动测验,而且要结合其他发育资料临床检查进行综合评估。

4. 评估人员要求与选用

心理评估的专业性较强,需对评估人员进行一定的筛选。选择时既要根据心理评估内容的难度来考虑评估专业素养和技术水平,还要根据评估对象的特点对评估人员的其他方面,如性别、年龄、外在形象、亲和性和应变能力等加以选择。可能实际工作中选择的余地很小甚至没有选择,这就要求专业机构通过各种渠道加强人员培训,让较多的人员达到标准,以满足工作的实际需要。

5. 制订评估方案或计划

评估人员选定后,在具体实施评估前要进行必要的筹划,制订一个初步的评估方案或计划,包括收集哪些资料、采用哪些评估方法、评估工具的准备及测验实施程序、时间安排及必要的协助人员等等。周密的计划和充分的准备不仅有利于评估的顺利进行,也是心理评估做到规范化和标准化的重要保障。

6. 评估资料的收集

心理评估的资料内容广泛,不仅是心理测验所获得的资料,0—3岁婴幼儿的生长发育史、家族史、喂养史、家庭情况与养育状况资料等都在评估资料的收集之列。收集资料的基本要求是做到准确、可靠、全面,要根据资料的性质采用不同的途径和方法。但心理评估中,心理测验是最基本、最重要的方法之一,坚持采用适宜的标准化测量工具,严格遵循测验方法和程序才能保障所收集到的资料的准确性与可靠性。

7. 评估结果的解释与应用

评估数据出来之后,评估者应该结合专业知识进行综合判断、正确解读,要避免因过度迷信和依赖心理测验等依据个别数据做出判断;评估分析完成后也不要简单地给评估对象一个简单的结果或数据就完事,而要给予必要的解释,让评估对象(主要是0—3岁婴幼儿家长)对评估结果有一个正确的理解,并对结果能够昭示的潜在意义和发展趋势给予合理的解读;如有需要和可能,评估者也应对可采取的积极措施或努力方向给予必要的指导。

(三) 特性

要对0—3岁婴幼儿进行心理发展的评估,必须了解其三大特性。

1. 关系性

评估的关系性乃为评估的基础。父母、教师和0—3岁婴幼儿身边的成人不仅要熟悉这一发展时期的方方面面的特征,也要对影响0—3岁婴幼儿气质、学习风格、粗大和精细动作技能及语言习得等方面的变化有敏锐的觉察。0—3岁婴幼儿身边的这些"重要他人"应当意识到0—3岁婴幼儿的发展是存在于社会文化中,受来自家庭、文化、地理、社会及经济等诸多因素的影响。

虽然本书无法全部涵盖下述的三种关系评估,但读者若将来参与一个大型的系统心理评估研究,最好能注意包含家庭、机构和社区的三种关系评估。

对0—3岁婴幼儿家庭评估包含地区习俗、语言、兄弟姐妹的特质、家庭的期望、家庭氛围、文化背景、压力因素、收入、父母学历、支持系统和家庭规模等。

对0—3岁婴幼儿所处机构评估应包括和同伴的关系、和成人的关系、独立性、适应性、责任感、学习能力、健康状况、求助技能、语言表达能力、认知能力等发展里程碑事件。

对0—3岁婴幼儿所在社区的评估则应包括资源、功能评估、教育理念、0—3岁婴幼儿保育设施、对干预报告的反馈等。

2. 精准性

由于0—3岁婴幼儿发展的高速度,通常需通过区分月龄来对其进行评估,从而会导致评估系统的复杂性。与月龄跨度交织在一起的是婴幼儿接受的评估类型的差异。评估系统的复杂性反映了对0—3岁婴幼儿实施教育和干预的不同目的。在考虑评估类型之前,评估者必须考虑0—3岁婴幼儿所处的月龄阶段,从而提升评估的精准性。

照护者或机构的教师在评估0—3岁婴幼儿时需要知道:

哭泣的婴儿需要什么?

何时喂奶、换尿布、抚慰婴儿?

何时应该与孩子交谈、进行游戏?

当发生什么状况时可以判断问题的严重性?

在通常情况下,照护者或机构的教师通过观察来评估婴幼儿的需求,这时需将0—3岁婴幼儿的一般特征与之发展的理论知识相结合,通过反思性评估,进一步调整教育计划和干预方式。

3. 相关性

在对0—3岁婴幼儿的评估系统中有许多参与者,这些构成可评估系统的相关性。评估系统的核心人物有0—3岁婴幼儿及其家庭、"重要他人",然而他们并不是唯一的利益相关者。还涉及其他的参与者,包括服务提供商、项目资助者、管理人员、立法者和公众,他们从不同角度寻求并提供不同信息。同时,辅助专业人员、政策委员和立法者具有丰富的经验和各种背景信息,他们也为婴幼儿评估提供了不可或缺的帮助。幼儿教师具有多样化培训经验,这些经验形成了他们收集评估信息的最佳方式。

受篇幅所限,本书的评估系统主要聚焦的是0—3岁婴幼儿及其家庭、"重要他人"照料者和机构教师。

(四) 意义

对0—3岁婴幼儿心理发展进行评估,具有目的性和方法论两大意义。

1. 评估目的显现的意义

明确对0—3岁婴幼儿评估的目的是选择评估工具和评估技术的第一步。通过对0—3岁婴幼儿的心理发展评估,可以做到以下几点:

(1) 可以了解0—3岁婴幼儿不同月龄阶段的身心发展水平

通过心理发展评估可以了解0—3岁婴幼儿在不同月龄段的心理发育水平,并据此进行针对性的早期发展教育与促进;一些评估还可早期发现、识别影响0—3岁婴幼儿心理发展的生物、心理和社会方面的有关因素,有助于解决和改善影响0—3岁婴幼儿发展的问题。

(2) 可以及早发现0—3岁婴幼儿的发育偏离或异常

通过临床评估,可解决0—3岁婴幼儿的心理行为发育偏离或异常的诊断和治疗问题。通过评估可以协助诊断,为制订健康管理和干预、治疗计划提供依据。

(3) 可以与0—3岁婴幼儿家长及时沟通

通过对0—3岁婴幼儿心理发展评估,能向家长及时反馈发展情况,并据此可以与照护者商量决定下一步的保教过程中该教授什么内容或特别需要的指导内容;对有发展高危的0—3岁婴幼儿,则可及早为家长提供早期介入和干预的相关信息;对确实符合特殊需要的0—3岁婴幼儿,则可以为家长或教师提供相关的"医教结合"服务信息。

2. 评估方法显现的意义

真实性评估和形成性评估是对0—3岁婴幼儿进行心理评估时最常用到的方法。

(1) 真实性评估的意义

所谓"真实性评估"是指通过让0—3岁婴幼儿完成生活中真实的任务作为评估内容的一种方法,这种方法强调评估的过程性、动态性、发展性和真实性,为照护者和托育机构教师改进育儿和教学方式,从而更好地为0—3岁婴幼儿发展提供鹰架打下基础。真实性评估最能体现0—3岁婴幼儿发展的真实水平,也是照护者和托育机构老师的日常工作的核心,因为他们需时时了解和判断0—3岁婴幼儿是否在日常保教中取得进步,以此来检验养育方式和托育课程的有效性。

真实的评估可以回答以下问题:0—3岁婴幼儿正在学习什么?我们如何知道0—3岁婴幼儿的学习效果?我们在实践中该做出哪些改变?真实评估能收集到0—3岁婴幼儿的发展样本。

(2)形成性评估的意义

所谓"形成性评估",是对0—3岁婴幼儿在成长过程中表现出的能力、情绪、态度等方面发展做出的评估,这是基于对0—3岁婴幼儿在发展全过程的持续观察、记录而做出的发展性评估。形成性评估被认为是最重要的评估实践,它被称作"为发展和学习而评估"的方法。通过形成性评估的使用,照护者和教师可为0—3岁婴幼儿的发展和学习做好准备。此外,形成性评估还可以衡量0—3岁婴幼儿在家庭以及托育机构中的表现,以此判断0—3岁婴幼儿的进步与否。

在0—3岁婴幼儿发展评估系统中,非常强调形成性评估。因为评估最重要的目的是形成性的,它可帮助照护者改善养育方式,帮助托育机构的教师优化保教计划、策略或指导方案,以此促进0—3岁婴幼儿的发展和学习。诚如全美幼教协会(NAEYC)所指出的"高质量的早期教育项目通过持续系统的、正式的和非正式的评估方式来获取关于儿童学习和发展方面的信息"[1]。

三、观察与评估的关联

观察与评估的关联如此密切,以致诸多相关书籍中都没有专门将观察与评估区分开来,本书因为书名明确说明是"0—3岁婴幼儿心理发展的观察与评估",因此有必要将其关系稍作梳理,并尝试用图1-4和图1-5直观表现出来。

图1-4 观察包含于评估中　　　图1-5 观察与评估的关联

① National Association for the Education of Young Children. NAEYC Early Childhood Program Standards and Accreditation Criteria: The Mark of Quality in Early Childhood Education. Redleaf Press, 2005.

图1-4显示观察乃是评估的下位概念,即评估中包含着观察,因为评估还涉及问卷、访谈等方法。图1-5则说明观察是评估的"基础、工具和依据"这样三种关系,下面就此进行详细阐述。

(一)观察是评估的基础

任何高质量评估系统的基石都是观察。对每一位想要了解0—3岁婴幼儿的心理发展特点并据此进行保教计划制订和实施的照护者或教师来说,要做好评估,必须建立在对0—3岁婴幼儿的日常观察的基础之上。如前所言,观察法是心理评估的最基本方法,也是最重要的基础。0—3岁婴幼儿由于人际交流能力有限,对那些需要听从观察者发出的指令才能进行的标准评估很难执行。照护者或教师如果要对0—3岁婴幼儿心理发展做出正确和客观判断,就必须在一定环境下通过对0—3岁婴幼儿的行为表现的观察来收集资料,对他们的心理特征或属性进行评估。自然观察法是在自然状况下对儿童心理行为的观察,因为具有不需被观察者用更多的语言来应答、客观性较高、结果比较真实等特点,在0—3岁婴幼儿心理发展评估中作为基础方法而被经常采纳。

(二)观察是评估的工具

观察是评估0—3岁婴幼儿心理发展的基本工具。由于观察是一种通过练习而能迅速提升的技能,因此,照护者和教师如果能认真仔细地观察与0—3岁婴幼儿心理发展关联的各种各样情况,就有很多机会快速磨练他们的技能,从而使观察成为对他们有利的评估工具。

照护者和教师首先需要从全局的角度观察0—3岁婴幼儿心理发展概况,然后聚焦0—3岁婴幼儿发展的某个基本领域进行评估,如运动、言语、智力、社会性等,也可对他们的面部表情进行分析解读。评估将强化照护者和教师对0—3岁婴幼儿的印象,包括个人生命风格、与成人或同伴的互动方式等。照护者或教师在评估中可以和一起观察的另一方讨论观察所得的结论是否一致,这将为准确评估做好铺垫。

(三)观察是评估的依据

所有对0—3岁婴幼儿的观察信息均可为保教机构或关联政府机构部门的管理者和决策者提供重要评估依据。为确保保教计划的全面性,观察者会使用多种方法在各种环境下观察每个0—3岁婴幼儿。这种做法可以使照护者和教师收集有关0—3岁婴幼儿在家庭或机构中的生活与学习的信息。对每个0—3岁婴幼儿的观察报告都将作为评估的重要依据,与此同时,对有发展障碍或有特殊保教需要的0—3岁婴幼儿,照护者和教师还能通过观察结果来评估是否需为其提供特殊服务以及提供何种适宜的特殊服务。

第二节　观察与评估的主要方法

要将理论变为现实,最重要的是选择和使用合适的方法。在此,将分别对0—3岁婴幼儿心理发展的观察和评估方法加以介绍与分析。

一、观察的主要方法

适用于0—3岁婴幼儿心理发展的观察方法主要有描述、取样和评定三种。[1]

(一) 描述的方法

描述的方法,是指对被观察者自然发生的行为和事件进行白描式叙述的一种方法,白描式叙述就是按照观察到的事实一五一十地加以如实地叙述记录的方法。描述的方法是一个观察"大家庭",包含了图1-6所显示的四种具体的方法。

图1-6　四种观察的描述方法

1. 日记法

日记法也被称作日记式记录法,是采用日记的形式对0—3岁婴幼儿进行观察和记录的方法。我国幼儿教育之父陈鹤琴先生就是运用日记法对自己的长子陈一鸣自出生起持续进行808天的观察,开创了中国科学研究儿童心理之先河。图1-7摘自陈鹤琴先生的《儿童心理之研究》。

从图1-7我们可见,陈鹤琴先生用照片记录加上文字描述的日记方式,言简意赅地对自己的长子从刚出生45天起到7个月的5个月龄节点的"坐"、"笑"、"拿物"等主要行为进行了观察记录。

日记描述具有连续性的优点,能够清楚地勾勒出0—3岁婴幼儿的心理发展轨迹,但如果不是照护者,很难长久、持续地对0—3岁婴幼儿进行日记式观察。

---

① 施燕,韩春红.学前儿童行为观察[M].上海:华东师范大学出版社,2011:13—15.

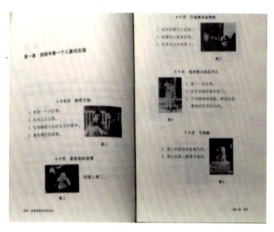

图 1-7　陈鹤琴先生的《儿童心理之研究》
第一章部分截图①

2. 实况详录法

实况详录法,顾名思义是一种类似电视直播的观察记录。对 0—3 岁婴幼儿所表现的行为,按照其发生的时间顺序、他人与之互动的言行举止,一字不漏地且一点不加润色地进行观察记录,即通常所讲的报流水账。

图 1-8 显示的就是一位外祖母带 9 个月的外孙女去超市看水果的实况详录(节选)。

卖水果的师傅热情地递水果给依依,我一边解释一边拒绝说:"师傅,谢谢您,我们小宝还小,还不会自己吃,我们就是来看看、感受感受这个市场是什么样的,我们认识一下您家的水果好吗?""好,好,看吧,没事的。"于是,我就拿起苹果、梨、石榴给依依看,一边看一边说:"苹果,苹果,又大又圆,红红的,香香的,脆脆的,好吃好吃。"看见大大的、鲜亮的水果,我边闻边说:"真香啊。"依依抿嘴笑笑。我递给她,她快速接过,如获至宝,抱着就往嘴里放,开心极了。

图 1-8　祖孙逛超市时的实况详录②

3. 样本描述法

样本描述法与实况详录法比较相似,也是对 0—3 岁婴幼儿行为发生的顺序进行详尽的观察描述。不同的是,样本描述法需要先预设观察对象和观察标准,在对锁定的某行为进行详尽观察记录时不能中断,而不像实况详录法那样随机性较大,也可断片似的非连续观察。

---

① 陈秀云,柯小卫. 儿童心理(陈鹤琴教育思想读本)[M]. 南京:南京师范大学出版社,2012:4—5.
② 感谢郑国香女士提供照片和文字。

由于样本描述法与实况详录法非常相似,此处省略举例。

4. 轶事记录法

"轶事"是指具有独特意义的事件,也是观察者感兴趣的事件,在0—3岁婴幼儿心理发展过程中,也被称为里程碑事件。例如,还不会开口说话的婴儿突然开口说话了,不会独立行走的婴儿突然撒开腿会走了,观察者将这些行为观察记录下来,就是轶事记录法,也称"轶事趣闻法"。下面将呈现我们在北京美和园幼儿园对3岁幼儿进行的轶事记录样例片段。

从图1-9的案例中看出,轶事记录法能如实地记录3岁儿童最有趣的瞬间,孩子们的言谈举止都能跃然纸上。

游戏开始,熊老师蹲在地上,他慢慢站了起来。嘴里说着:"太阳升起来啦!小动物们要去晒被子喽!"

"小动物们"听到这句话,都笑着围到了太阳公公的身边。"小松鼠"跑到"小猪"的身边,跳着叫:"小猪,小猪!"

"小猪"听到"小松鼠"在叫他,便拿着自己的被子看着"太阳"呼喊:"太阳!""太阳公公"马上回应道:"哎!干什么呀?""小猪"举着手去晒被子。

"小猪"晒完被子走到一边去。小羊走上前,她两只手拿着被子,抬头看着太阳叫道:"太阳公公!""太阳公公"微笑着回答:"哎!""小羊"接着说:"帮我晒一下被子。""太阳公公"笑着答应:"行!你为什么要晒被子呀?""小羊"想了想说:"因为……因为我的被子……臭了!""太阳公公"点点头慢慢地说:"哦!你的被子臭了!"然后弯下了腰说:"让我来闻闻!""小羊"走上前,把被子举到了"太阳公公"的鼻子那里。"太阳公公"使劲吸了吸气,做出痛苦的表情,然后回应道:"真的是很臭!"

图1-9 对3岁儿童的表演游戏进行的轶事趣闻记录①

值得注意的是,简短笔记是对人物的行为或事件最显著方面的记录。只需要花费很少的时间去记录,用短语或缩写保留了最重要的细节。

除文字外,用照相机和录像机记录0—3岁婴幼儿的个体行为或群体中的活动,或者直接是0—3岁婴幼儿的绘画作品,都是重要的描述性记录的内容。

图1-10准确地捕捉了3岁幼儿沉浸于表演游戏中的行为,从穿条纹的男孩认真地看着他人,穿白色衣服的女孩笑靥如花,可推知他们在游戏中情绪愉悦、积极投入,此时无声胜有声。

但如果要通过拍摄视频记录0—3岁婴幼儿的行为的话,最好能将摄像设备隐蔽起来,使它们不引人注目,避免婴幼儿由于很好奇这些设备而做出与往常不同的行为,从而破坏了

---

① 照片由北京美和园幼儿园提供。

图 1-10　用镜头记录下 3 岁幼儿的游戏行为①

描述性记录的真实性。

简而言之,描述性观察及其记录的真谛在于准确记录所看到的现实,并使用能够准确表达行为区别的词语,例如,孩子们不仅"说"某些东西,而且还可能会大声喊叫、低语、尖叫、大声说话或轻声说话。如果可能,要在事件发生的时候就立即记录,如果必须稍后记录,请记下几个简短词语以帮助记住发生的事情并尽快准确地重建事件。

(二) 取样的方法

"取样法"是指将行为作为样本的方法。"取样法"与前面讲述的描述法最大的不同在于取样法聚焦"靶心"。观察者根据观察或研究目的,首先选取具有重要意义的行为作为样本,然后进行简洁明了的观察,以较少的篇幅和精力来获取重要的信息。取样的方法包括时间取样法和事件取样法。

1. 时间取样法

时间取样法是指将对行为的观察置于一段时间单位内,并按一定的时间间隔来观察所选取行为发生的情况。观察时间间隔含有规律性和随机性间隔两种,表 1-3 显示的就是规律性时间间隔的时间取样观察法。

表 1-3 呈现的是针对 19—24 个月幼儿在装扮游戏中的动作和注意力发生次数的时间取样观察表。该表以每 5 秒为一个时间单位,当该项行为发生时就填入 1 次,全长为 95 秒,最后以"总计次数/95 秒"公式计算出该幼儿在粗大动作和精细动作以及视觉注意和听觉注意的关联行为的平均发生次数。

---

① 照片由北京美和园幼儿园提供。

表 1-3 对 19—24 个月幼儿在游戏观察中使用的时间取样表(片段)

发生率统计表		第 1 分钟											第 2 分钟						
		5′	10′	15′	20′	25′	30′	35′	40′	45′	50′	55′	60′	65′	70′	75′	80′	85′	90′	95′
动作	精细动作																			
	粗大动作																			
注意力	视觉注意																			
	听觉注意																			

图 1-11 显示的也是规律性间隔的时间取样案例。

儿童姓名：　　　　　年龄：
Thomas　　　　　　3 岁 6 个月
Christopher　　　　3 岁 8 个月
Ronan　　　　　　3 岁 1 个月
Zara　　　　　　　4 岁 2 个月
Liam　　　　　　　4 岁

目的：观察一群儿童怎样使用一套小型的火车玩具。
目标：观察并记录想象游戏，合作性游戏及使用的语言。
环境：幼儿园的户外活动场所，其中布置了几样活动供儿童选择。
姓名编号：T = Thomas　C = Christopher　R = Ronan
Z = Zara　　L = Liam　　A = 成人（这里指幼儿园教师）

观察记录

10:20　Thomas 和 Christopher 刚刚搭好火车轨道。他们各自有个火车头，面对面地沿着轨道开来。
C—T：Thomas，闪开。
T—C：等一下。
C—T：我们需要一座桥——现在太晚了！

10:21　Thomas 用两只手推着火车前进，他拿起一辆卡车，把它加到火车队伍中。
T—C：这是我的超级火车。
C—T：我们要带上 Gordon 吗？

10:22　Ronan 加入进来，并从盒子里拿出一个火车头。
R—T：看我的。
R—C：Christopher，这部火车引擎叫什么名字？
C—T，R：让 Ronan 做 Percy 或 Thomas。

10:23　Zara 和 Liam 加入进来并参与到游戏中。Zara 倾身靠向轨道零件，"把它们给我。"

10:24　男孩们继续他们的游戏，没有理睬 Zara。
L—T，R：我需要一列火车。
C—L，T，R：我需要另外的轨道。

10:25　Zara 走开了。
C—L，T，R：我们就要爬上山了。嗨，Gordon，我能爬过去吗？让我过去吧。

10:26　Christopher 跪下来推火车。他停下来，指着桥的部分。
C—L，T，R：我要这个，我打算停在那里。
L—C，T，R：我现在有一个乘客。

10:27　幼儿园教师加入进来，搭建了一条轨道分支。
A—C，L，R，T：我们可以从这里走一条小轨道出去，对吗？

10:28　游戏还在进行当中，但表示整理玩具的铃声响起来了。

结论

一小群有主见的男孩们开展合作性游戏，每个人都参与其中。相比较而言，Christopher 比其他人更具有控制性和组织性；Zara 很快对这个游戏失去了兴趣，因为她无法拿到其中的一列火车。显而易见，孩子们看过《火车头托马斯》（Thomas the Tank Engine）系列片，用片中的名字来命名他们的火车头。

图 1-11 规律性间隔的时间取样[1]

① 莎曼等.观察儿童实践操作指南(第三版)[M].单敏月，王晓平，译.上海：华东师范大学出版社，2008：58—77.

图 1－11 显示对 5 个 3—4 岁儿童进行观察的记录，虽然同为规律性间隔的时间取样，但与表 1－3 不同的是，观察者在每一分钟对 5 个儿童的行为都有观察记录，而不是以简单的打钩进行记录。

时间取样的优点在于能短平快地获取观察信息，但因为是以时间为重点，诸多重要观察信息容易被忽略，因此时间取样往往需和事件取样联合运用。

2. 事件取样法

事件取样法是以选定的行为或事件的发生为取样标准来进行观察记录的方法。事件取样大都是在自然情境中等待所要观察行为的出现，因此敏感地捕捉有意义的事件便成了观察者运用这种方法时最需要的基本功。

通常，事件取样的方法应记录聚焦的行为发生的背景、原因、变化以及终止的结果等。图 1－12 显示的就是事件取样的案例。该图呈现了对一名 5 岁男童的攻击性行为的事件取

观察

观察日期：1994 年 1 月 20 日　　**时间**：全天

成人数量：2

儿童数量：全班

儿童姓名：Ben　　**年龄**：5 岁 4 个月

环境：小班教室

目的：观察 Ben 全天在教室的行为。

目标：记录所有反社会行为事件。

识别事件之前发生了些什么。

记录事件之后发生了些什么。

观察记录

见表 3.1。

结论

如果别人侵犯到 Ben，Ben 的反应是非常迅速的。他试图不询问他人意见就拿走他想要的东西。在一天之中，Ben 并不总是挑起事端的人。

评价

第 7 章中对 4 岁儿童的社会性发展的其中两个方面作了如下描叙："喜爱其他儿童和成人的陪伴，但这种陪伴往往在合作与冲突中二者必居其一。他们懂得了应当使用语言而非暴力性动作。"

Ben 5 岁了，但当他遇到阻碍或事情的发展让他不称心时，他仍然倾向于使用"武力"解决，而非语言。而其他儿童看来已熟知这一点，并会激怒 Ben，诱使他"报复"。

建议

鼓励 Ben 以他人能接受的方式来表达自己的感受，如：黏土，水，角色扮演。

事件发生后，教师要倾听双方的解释。

奖励正确的行为。

表 3.1　观察记录（日期：1994 年 1 月 20 日）

时　间	事　件	之前发生的事	在场的人	之后发生的事	评　论
11:20	Ben 抢了 James 的橡皮，James 又抢了回来。	Ben 在书写先前选好的一则故事。	桌子边另有 3 个儿童，教师在她的办公桌边。	Ben 骂了 James 一句并打了他的胳膊一下，James 大叫起来，教师走来干预。	Ben 应该先礼貌地询问，如果他做不到这点，那么可请教师及时干预。Ben 应该控制他的怒气。
11:35	前一事件再度发生。	继续在桌边写。	就 Ben 和 James 两个人在桌边。教师在图书角。	James 叫教师来干预，Ben 换位子单独坐下。	再次提醒 Ben，在拿东西前要先询问对方。
1:20	Elliot 从背后推 Ben，Ben 摔倒了。	儿童正在换上体育课用的衣服。	所有儿童在一起换衣服，教师协助他们。	Ben 跳起来，拉了 Elliot 的上衣。Elliot 大叫，教师来干预了。	Ben 并非此次事件的肇事者。
1:50	Ben 尖叫，因为他认为有人拿走了他的领结。	体育课后，儿童们正在换回原来的装束。	所有儿童在一起。	几位儿童似乎被吓着了，倒退几步离 Ben 远些。教师干预，找到了领结。	Ben 需要学会用一种别人能接受的方式来表达自己。

图 1－12　事件取样观察记录案例[①]

① 莎曼等. 观察儿童实践操作指南(第三版)[M]. 单敏月，王晓平，译. 上海：华东师范大学出版社，2008：60—62.

样的观察记录的全过程。首先,锁定观察行为,继而确立观察目标,接着运用事先设计的表格,即把行为发生的时间、前因、关联人物和评论都纳入表中进行观察,最后得出观察结论、做出评价和给出建议。

事件取样法的优点在于所获得的观察信息客观真实,因为被观察者是完全处于自然情境中,但这种方法的局限在于需"守株待兔"式捕捉,且许多行为转瞬即逝,所以观察者希望收集到的观察信息往往难以轻易获得。

本书陈述的0—3岁婴幼儿心理观察采用的大都是时间取样和事件取样相结合的方法。

(三)评定的主要方法

评定方法是用表格对所要观察的行为进行有无和等级判断的方法,通常包含"行为检核法"和"等级评定法"。

1. 行为检核法

"行为检核法"也被称为"清单法",即把需要观察的行为项目进行排列,并常用"是"、"否"或"有"、"无"等两分法来观察记录聚焦的观察行为是否存在。表1-4显示了行为检核法的样例。

表1-4　儿童社会性发展的行为检核法[①]

儿童发展的"常模"	是	否	评　　语
1. 温和亲切、信任别人,亲近别人	√		Elizabeth和朋友坐在一起时,拉着她的手并和她轻声说话。
2. 在购物、洗刷等家务活动上乐于帮助成人	√		当我问她是否愿意陪我去购物时,Elizabeth愉快地答应了,她对挑选自己喝茶时要用的东西特别感兴趣,并且她帮助我将物品装袋。
3. 努力保持周围环境整洁		√	Elizabeth在"娃娃家"区玩,保育员要求她整理玩具,但她双手推向桌子对面,所有物品掉到了地上。她跑到其他区域去了。
4. 生动地进行想象游戏,包括创造性游戏和创造出人物	√		Elizabeth在"娃娃家"区花了许多时间,她邀请想象中的人物喝茶,她将这一情节精细化,玩了很长一段时间。
5. 参与主动的想象游戏,包括创造性玩耍和创造出人物	√		Elizabeth经常用"娃娃家"区域里的服装化装,她的朋友常常和她一起玩。她们化装成母亲和女儿,医生和护士,或是新郎和新娘在学校里走动。

---

① 莎曼等.观察儿童实践操作指南(第三版)[M].单敏月,王晓平,译.上海:华东师范大学出版社,2008:76.

儿童发展的"常模"	是	否	评　　语
6. 理解分享玩具	✓		Sunil 走向 Elizabeth，询问后者自己是否可以使用商店里的柜台，Elizabeth 同意了，并让他到旁边数塑料水果。Sunil 继续在柜台上玩，而 Elizabeth 也很乐意让他玩，虽然之前一直是她玩的。

　　表1-4显示了观察者运用"行为检核法"对一名52个月幼儿进行的社会交往行为的观察记录，从表中可以看出，如果有聚焦的观察行为发生，观察者就需要在"是"处打钩，反之则在"否"处打钩。但与通常的"行为检核表"不同的是，观察者还把自己通过观察后得出的评语写在旁边，便于阅读者理解。本书也采用了这种方法来对0—3岁婴幼儿心理发展进行观察。

　　"行为检核法"的突出优点是简便易行，特别是对尚缺乏深厚观察功底的初学者来说更便于入门，但因为只对行为的有无进行观察记录，一些有用观察信息可能会被忽略。

2. 等级评定法

　　"等级评定法"是对行为发生的频率和程度进行观察记录的方法。如果说"行为检核法"只告诉了我们所聚焦观察的行为是否发生，那"等级评定法"就能进一步告诉我们该行为发生的频率和体现的水平。表1-5和表1-6分别显示的就是"等级评定法"的案例。

表1-5　幼儿与同伴社会互动评定量表[①]

(1) 起始活动

　　总是　　常常　　　偶尔　　　很少　　　从不

(2) 主动邀请同伴游戏

　　总是　　常常　　　偶尔　　　很少　　　从不

(3) 与同伴分享玩具

　　总是　　常常　　　偶尔　　　很少　　　从不

(4) 将玩具让给同伴先玩

　　总是　　常常　　　偶尔　　　很少　　　从不

(5) 主动与同伴交谈

　　总是　　常常　　　偶尔　　　很少　　　从不

---

① 施燕，韩春红.学前儿童行为观察［M］.上海：华东师范大学出版社，2011：77.

表 1-6　幼儿个体社会性行为表现评定[①]

	(1)	(2)	(3)	(4)	(5)	(6)	(7)	
1. 主动								被动
2. 合作								不合作
3. 整洁								杂乱
4. 分享								自私
5. 友善								敌意
6. 好动								安静

表 1-5 显示了观察者对幼儿的同伴间社会互动的等级评定，从"从不"到"总是"分为了5个等级；表 1-6 则聚焦幼儿个体的社会性行为表现，从"被动"到"主动"跨越了 7 个等级，观察时被动性、不合作和杂乱等行为如时有发生甚至总是发生，就在(5)或(6)乃至(7)处作记号。

"等级评定法"的突出优点也是简便易行，但如果操作定义不明确的话，观察者也可能会出现随意规定分值或选择分值的情况。为避免这种情况发生，等级量表中的评级或排名的程序应建立在坚实的评估证据上而不是简单地凭自己的主观臆断。

二、评估的主要方法

如前所述，评估包含了观察，因此已经详细叙述过的观察方法在此就不再赘述，下面将分别对 0—3 岁婴幼儿个体、0—3 岁托育机构的小组活动和课程以及家园互动进行评估的方法分门别类地予以阐述。

（一）0—3 岁婴幼儿个体：个案法

对 0—3 岁婴幼儿个体进行评估，除了正式的心理标准测试之外，日常生活和教学中运用较多的就是个案研究法。在此，将主要聚焦个案研究法评估进行阐述。所谓个案研究评估是指在一个时间段内对 0—3 岁婴幼儿心理发展技能和行为进行深入评估的方法。个案研究基于 0—3 岁婴幼儿典型的身心发展知识，汇聚总结多个来源信息。

个案研究评估有不同的用途，一些研究是简短的，适用于关乎 0—3 岁婴幼儿某一方面的发展或者教学问题，也有些研究很复杂，包括基于数据的决策、正式的评估来确定为 0—3

---

① 施燕,韩春红.学前儿童行为观察[M].上海：华东师范大学出版社,2011：77.

岁特殊婴幼儿提供保教服务,形成未来发展监测基线。

下面将分别从关注要素和建立档案袋两个维度来具体介绍个案研究的评估方法。

1. 关注要素

个案研究的基本要素如下:

- 身份信息:姓名,年龄,性别,出生日期。
- 0—3岁婴幼儿描述:外表,身体特征,性格,出生顺序。
- 家庭背景:兄弟姐妹、家庭经济状况,家人或者朋友的支持。
- 病史:孩子出生的情况。
- 早期发展里程碑。
- 当前发展水平:自理技能,如穿衣、如厕;身体运动,如身体的活动情况;运动;言语发展、情绪反应,如情绪和情感的表达和调节;社会性,如对其他成人和孩子的反应等。

2. 建立档案袋

档案袋评估是一种基于0—3岁婴幼儿发展结果的评估。在制作档案袋时,应该注意包括以下内容:在收集众多信息之前,你需要决定档案袋中的重点是什么?档案袋是否包括与评估项目有关的一系列内容?档案袋是否包括和呈现了0—3岁婴幼儿的最佳表现?它是一系列有选择的、作品样本吗?

基于上述思考,档案袋中应收集0—3岁婴幼儿的重要信息,观察笔记是档案袋的基础。为了丰富档案袋,还应收集0—3岁婴幼儿的有关作品。比如有助于说明0—3岁婴幼儿进步的涂鸦作品等,如图1-13和图1-14所示。

图1-13 琅琅(20个月龄)的涂鸦作品

图1-14 琅琅(26个月龄)的涂鸦作品[①]

---

① 佚名.绘画作品:水粉画涂鸦"2岁半—2岁9个月"[EB/OL].[2012-08-30]. http://blog.sina.com.cn/s/blog_aff102a601016def.html

从图 1-13 可见，只有 20 个月的琅琅处于"乱笔涂鸦"期，其涂鸦作品既不成形也没规律。其握笔的精细肌肉以及思维中的心理图式都没形成具象；而图 1-14 则显示，到了 26 个月，琅琅到了"规则涂鸦"期，其涂鸦作品变成了封闭的圆形，尽管不那么圆，但其精细动作已发展到能运笔构成封闭图形，同时体现了琅琅已具备"圆"的心理图式。两幅作品可以清楚地揭示 0—3 岁婴幼儿精细动作的发展和心理思维能力的变化。

除此之外，档案袋中还需收集 0—3 岁婴幼儿的各个阶段的成长照片等。档案袋的内容应该体现 0—3 岁婴幼儿在如下领域的发展：感觉动作、情绪情感、语言和认知等。另外，档案袋中还需要呈现孩子们的兴趣，例如，他们最喜欢的书籍、游戏和活动，这些都体现了 0—3 岁婴幼儿一年中发展与学习的诸多细节。

（二）小组评估：文档法

0—3 岁婴幼儿虽然大都还散居在家庭中，但随着对 0—3 岁婴幼儿的早期看护和发展的关注日益高涨，托育机构以及 0—6 岁托幼一体化机构的数量迅速增长，0—3 岁的群体性也应当受到更多评估。针对 0—3 岁婴幼儿的小组活动，最常见的评估方法就是建立文档进行实时实地评估。

1. 小组评估文档的概念

从严格的意义来说，小组文档不是评估或评估的"方法"，而是一种将多种方法中的信息保存在一起并进行综合的方式。但因其真实性和随时性，建立文档又被认为是真实评估系统的一部分，受到教师、0—3 岁婴幼儿家长的欢迎。建立文档是一种有组织的、有目的的证据汇编，记录了 0—3 岁婴幼儿随着时间的发展和学习变化。它展示了 0—3 岁婴幼儿同伴间的共同经历、努力、进步和成就，为进一步促进 0—3 岁婴幼儿群体性的学习和发展提供了参考依据。

物理层面上，建立文档是借助文件夹、文件、盒子、计算机 U 盘或其他容器来存储 0—3 岁婴幼儿学习与发展证据的方法。

建立文档有四种主要的组合类型：

（1）展示组合呈现 0—3 岁婴幼儿最好或最喜欢的作品。

（2）评估组合主要包含指定和评分材料。

（3）文件组合包含 0—3 岁婴幼儿学习与发展的证据，选择这些证据来建立每个 0—3 岁婴幼儿的综合描述。

（4）流程组合包含一个大型项目的持续工作，人们根据他们的目的选择建立不同类型的文档，以及最适合 0—3 岁婴幼儿群体的文档。

小组文档显示的是 0—3 岁婴幼儿在一个或多个项目中的活动表现，聚焦一个发展领域或整个小组表现的信息，在整个群体中运用定性评估发现差异。比如一个孩子准确地扔球，另一个孩子只是扔球；一个孩子发出无意义的声音，而另一个孩子能清晰地说出词语；一个孩子乱笔涂鸦，另一个孩子画出蝌蚪人。小组评估文档能体现0—3岁婴幼儿发展与学习的不同水平和级别。

此外，小组评估还可以发现整个班级的成长。教师可以衡量孩子们的先前经验以及新的发展。帮助教师评估自己的教学技巧并提高其有效性。

小组评估将0—3岁婴幼儿的需求作为类别的基础，例如"需求介绍"、"需要实践"和"需要更多挑战"，依此促进教师按需保教。

2. 建立小组评估文档的方法

建立小组文档有四种基本方法：需要特定内容、在特定发展或课程领域需要证据、从正在进行的课堂活动中收集群体样本以及前三个的组合。通过这些方法主要收集以下内容：

必填内容。指定文档中"必需"或"核心"项目，为所有0—3岁婴幼儿特定类别或定级所需收集的某些活动。

比照内容。教师以相同的方式在指定的时间间隔或定期收集评估相同的内容，例如0—3岁婴幼儿在年初或年底完成的绘画。

类型内容。0—3岁婴幼儿表示行动的能力的样本，如言语样本或精细运动发展的证据。

上述内容可使用数字技术创建制成"电子档案袋"。在"电子档案袋"中还可存储0—3岁婴幼儿团体展品和展品照片、音频和视频记录、参与图表、活动和结果的日志以及0—3岁婴幼儿小组在某一天或某个时期所做的时间样本或计数。

（三）托育机构：课程评估

因为一日活动皆课程，因此，基于课程的评估主要聚焦于0—3岁婴幼儿进行托幼一体化保教的机构或托育机构中的一日活动。

课程的评估有两个关键特征：设定目标行为和使用这些评估的方法。

1. 设定课程评估的目标行为

对0—3岁婴幼儿设置的课程评估的目标行为主要聚焦婴幼儿心理发展的各大领域。

根据本书的后面章节内容，在此建议课程目标行为聚焦感觉、动作中的粗大动作、精细动作；语言发展中的言语知觉、言语理解和语言表达；认知中的注意、记忆和思维；情感中的基本情绪和社会情绪；社会性中的自我与他人认知等构成评估的基本内容。

2. 使用课程评估的具体方法

使用课程评估的具体方法可以归纳为"三部曲"。

首先,确立评估目标。基于课程的评估基础是一系列发展目标,这构成了课程的学习成果。目标可以是宏观的,也可以是微观的。这种评估可以发现0—3岁婴幼儿的优势和不足,并提供明确的教学目标。此外,它还可以检测课程的有效性。

其次,进行基线评估。在课程开始前,需进行基线评估,以此判断进入班级的0—3岁婴幼儿的发展与学习基线,提供保教课程设置的参考。

最后,进行定期评估。可以使用方便评估的检查清单,每隔六周或九周对0—3岁婴幼儿进行评估,检验课程帮助他们掌握了哪些发展内容,并检查其发展进度。

在基于课程的评估中,评估和促进保教是紧密联系在一起的,其作用就是用来发现孩子的进步或是不足,据此提供适宜的帮助。

(四)家园互动:问卷和访谈

为全面促进0—3岁婴幼儿早期发展,机构与家庭的合作评估不可或缺。

机构与家庭的最初合作关系会影响到0—3岁婴幼儿进入机构的生活保教质量。因此,将家庭作为评估过程的一个组成部分,是家庭与学校合作关系的开始。此外,利用评估过程将0—3岁婴幼儿理解为家庭的一部分,可以将家庭与资源联系起来,从而加强和支持他们的照顾角色。这种伙伴关系有助于解决问题,提供先决条件,以及确定可能有高危发展障碍0—3岁婴幼儿的介入和干预程序。在此,将介绍从家庭中获取评估信息的方法。

从家庭中获取评估信息的方法主要有两个,一是通过访谈所获,二是通过问卷所得。

1. 通过访谈获取评估信息

课程开始之际,教师就开始履行基本的责任,将0—3岁婴幼儿视为每一个值得尊重的个体,通过家庭谈话,综合考虑家庭、社区文化、语言规范、社会群体、早期经历及当前情况有效地进行保教。

成功的访谈需要的不只是精心策划,还需要教师能够确保交谈氛围舒适并获取有效信息。如果父母感到舒适和受尊重,他们就会接受这种形式,但有时需要更加系统的面试。家庭访谈是通过有计划的对话,提供类似于问卷调查的特定信息,但是以口头形式展开。访谈通常会设置可以引发孩子技能和行为的丰富信息的问题或提示,特别是通过日常的活动。

结构性访谈。所谓结构性访谈是指预设一定的话题,让家庭成员顺着这些问题进行思考并回答的方法。例如:

宝宝最近感兴趣的是什么?

当你想起宝宝时，会想到什么词？

你觉得他的优势是什么，他有什么特别之处？

你对他的健康或行为上有疑问或者担忧吗？

你是如何做父母的？

还有什么可以告诉我，有助于我理解他？

半结构访谈。在严格的结构化访谈和开放式访谈之间存在半结构化访谈。在半结构化访谈中，通常会设有一个问题类别，但具体问题由上下文和访谈本身决定。

2. 通过问卷获取评估信息

家庭问卷调查是高质量0—3岁婴幼儿机构评估系统的重要组成部分。

家庭问卷是通过收集一些有关家庭信息的书面问题，来了解家庭对孩子的发展和行为的事实和看法。通常是针对0—3岁婴幼儿的健康、发展及个人习惯问题。

问卷可以使教师和家长获得以下益处：

- 家庭成员也因此有机会仔细描述他们的孩子、回答问题并表达疑惑；
- 教师拥有预先计划的信息收集角度；
- 问卷后可能进行讨论；
- 问卷可以确定课堂上是否需要额外的支持；
- 教师有机会和家庭成员沟通课程目标；
- 家长完成问卷时会感受到包容、尊重和授权。

行为调查问卷。这类问卷使得父母得以呈现他们孩子在行为方面面临的挑战。全面的问卷调查涉及0—3岁婴幼儿发展、学习、适应及健康等整体发展的优势和弱项。这种问卷对教师很有用。

儿童发展问卷。该类问卷通常用于大致地了解0—3岁婴幼儿的技能和行为，以及判断其是否需要专门的干预，作用是帮助家长和教师了解婴幼儿身心各个发展领域的任何潜在问题，教师根据父母的反映来确定0—3岁婴幼儿在每个发展领域的进展。

第三节　本书的结构和关注重点

观察与评估，是一对司空见惯的名词，然而要专门针对0—3岁婴幼儿的心理发展进行观察与评估实非易事。完全同类书籍虽偶有所见，然也可以说是寥若晨星。因此，本书在撰写过程中因为鲜有现成的书籍可资参考，所搭建的观察评估结构、重点选择以及模块构成都是自主探索的结果。

一、框架结构

框架结构就如建房子先需画图纸一样，是整本书的基础。在此，将分别对框架结构形成的依据和具体内容进行分述。

（一）形成的依据

作为《0—3岁婴幼儿心理发展的基础知识》之姊妹篇，本书的框架结构与之高度匹配。

1. 理论依据

儿童发展理论对0—3岁婴幼儿心理发展观察和评估有着非常重要的作用，因为从行为观察方案的设计到观察实施，再到对观察对象行为的解释、判断直至评估，都需要有儿童发展理论作为支撑。

本书中的观察与评估的理论与姊妹篇完全一致，主要有行为主义学派、精神分析学派的依恋理论、吉布森的知觉生态理论、皮亚杰的建构主义理论和格赛尔自然成熟理论及社会生态学理论。本书中所选取的观察行为和评估分析主要依据这些理论。

2. 分类依据

根据姊妹篇，本书也将0—3岁婴幼儿的心理发展的观察与评估划分为五个心理板块，即感知觉、动作、认知、语言和社会-情绪。这五大板块的选择绝非一时兴起的随意挑选，而是根据心理学——西方哲学中将人的精神生活划分为感知、认知、社会行为和情感等维度来确立本书的分类。与此同时，虽被哲学忽略但又是人类发展基础和工具的内容也被纳入本书，比如动作是人类得以生存的基础，语言是思考和与人交往的工具。虽然为了方便起见，将0—3岁婴幼儿的心理发展的观察与评估划分为五个心理板块，然而人类精神活动的最终表征是对独立运作的心理单元的整合，各个领域的发展其实是密不可分的，因此，在本书中有一些对0—3岁婴幼儿的心理观察与评估，在一个维度中兼顾两到三个领域，比如动作与思维、知觉与注意的结合。

（二）具体的内容

为便于大家将《0—3岁婴幼儿心理发展的基础知识》和本书结合起来阅读使用，本书的框架结构与之高度吻合。以下用图1-15将框架结构的具体内容呈现出来。

读者在阅读和使用之际，可以按图索骥，找到姊妹篇中的相关理论论述，从而理解本书中的观察与评估的理论依据。

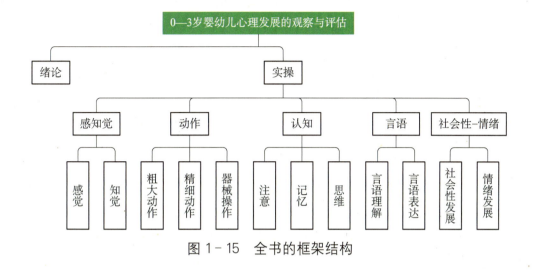

图 1-15　全书的框架结构

二、重点选择

0—3 岁婴幼儿的心理发展,因其日新月异的速度和巨大的个体差异,很难在一本不到 30 万字的书中,对他们的观察评估做到面面俱到。因此,如何聚焦观察与评估的行为,如何选择适宜的方法便成为需慎重考虑的编写事项。

(一) 标的之选择

"标的"原意是靶子,在此指第二至第六章选取的关乎 0—3 岁婴幼儿心理发展观察与评估的某一要点,而这个要点可能是 0—3 岁婴幼儿的某个行为或某种言语表达,抑或某种气质和情绪表达。通览全书,可能会发现每章所聚焦的月龄不统一,即使在同一章,在不同月龄段中各个子领域选取的观察与评估的量也不尽相同。这难免会引起读者的困惑和质疑,由此在下面具体阐述理由。

1. 选择的理由

选择的主要理由是基于 0—3 岁婴幼儿心理发展的里程碑事件。所谓"里程碑"原意指建立在道路旁边刻有数字的固定标志,通常每隔一段路便设立一个,以展示其位置及与特定目的地的距离。里程碑的另一种涵义指发生某种重大且标志性事件或某种特定意义的典型事件,具有开创性意义。

本书中的"里程碑事件"指 0—3 岁婴幼儿在感知觉、动作、认知、言语以及社会性-情绪从量变到质变的关键时刻表现,例如 3 个月婴儿能独立抬头、6 个月能独坐、12 个月婴儿突然开口说话等。由于 0—3 岁婴幼儿在这五大板块中的发展里程碑各不相同,且有些行为在

1岁以后就大体不再有大的变化,例如视觉和听觉发展,因此在本书的观察与评估中对13个月以后的幼儿就鲜有涉及;而有些里程碑事件是在1岁以后才发生,比如用有意义的语词表达,对0—12个月阶段的婴儿则无法进行观察与评估。就如格赛尔,虽然他用40年研发了0—6岁儿童心理发展测评量表,但在其代表作《现代文明中的婴幼儿——儿童行为和人格培养指南》[①]中对4周的婴儿只聚焦"行为剖析"和"日常行为表现"中的睡眠、进食、排泄、洗澡和穿衣、自我活动以及社会性进行观察评价,总篇幅6页(中译本);而对30个月的幼儿,除了对前面提到的与4周婴儿相似的活动和行为做了观察评估外,还另辟一章"文化性与创造性活动",对30个月幼儿的阅读、音乐、绘画、手指作画、橡皮泥、沙石水、积木、财务和外出、言语、幽默等进行了详尽观察评估,总篇幅达23页(中译本)。

综上所述,本书的观察与评估"标的"之选择,完全是基于0—3岁婴幼儿心理发展的重要事件点,即以里程碑事件为依据。

2. 选择的实例

下面将以针对25—30个月幼儿的知觉发展所作的观察与评估"标的"为例来说明选择理由。

25—30个月幼儿声强辨别力发展的观察与评估

观察与评估依据:

随着听觉阈限不断变低,25—30月龄段的幼儿开始能够辨别出声强的微小变化。对低声的感受力不断增强,对微弱的声音越来越敏感。当播放两种仅有微小差异的旋律时,幼儿也能辨别出它们是不相同的。

在此例中我们可以看到,对25—30个月幼儿的知觉发展之所以选取"声强辨别力"作为观察与评估"标的",其依据是该月龄段幼儿开始具备辨别声强的微小变化的能力,即仅有微小差异的旋律他们也能听出其不同,因此这种具有区别发展水平的里程碑事件便成为本书中的观察与评估"标的"。

(二) 方法之选择

作为一本面向关联0—3岁婴幼儿的照护者、相关院系的职前学生以及托育机构教师的入门书,怎样既保有心理观察与评估的科学性,又免于艰涩难懂,这是摆在撰写本书作者面前的一个难题,选择适宜的方法或许是解决难题的最佳途径。

1. 选择的理由

本书所选用的观察方法,从观察者角度来说,一种是正式观察法,即预设观察目的;另一

---

① 阿诺德·格塞尔等. 现代文明中的婴幼儿——儿童行为和人格培养指南[M]. 桑标,等,译. 上海:上海人民出版社,2015.

种是参与和直接观察，即观察者通过与0—3岁婴幼儿直接互动来进行观察的方法。其理由在于我们希望使用本书的读者，不管是0—3岁婴幼儿的照护者，还是将来从事与0—3岁婴幼儿早期发展有关的职前学生，或者是已在托育机构工作的教师，都能近距离地与0—3岁婴幼儿接触。通过在姊妹篇《0—3岁婴幼儿心理发展的基础知识》中习得的0—3岁婴幼儿心理发展的相关理论和心理发展的一般规律知识，将其运用于观察与评估的实践中，从而能更深入地了解0—3岁婴幼儿，为他们提供更好的照护和发展。

本书所选用的观察方法，从记录的角度来说是"取样法"和"评定法"，其中取样法主要用的是"事件取样法"，评定法主要用的是"行为检核法"。其理由是观察与评估"标的"就是0—3岁婴幼儿心理发展各维度中的里程碑事件，使用这种事件取样法，也能让使用者有的放矢地去观察和评估0—3岁婴幼儿的心理发展，而不至于因茫然而无从下手。"行为检核法"能以简单明了的"是否"或"有无"来让读者对0—3岁婴幼儿的心理发展中的里程碑事件是否出现有初步了解，为"预警装置"，即对有发展高危的婴幼儿提出及时就医的提醒。当然，在评定法中也可能用到了一些等级评定，以便读者对0—3岁婴幼儿心理发展中的里程碑事件进行深入观察评估。

选择评估的方法时，遵循了评估的"七部曲"原则，在此不再赘述理由。

2. 选择的实例

下面针对31—36个月幼儿的形状知觉的观察与评估来说明上述方法的实际运用。

对31—36个月幼儿形状知觉的观察与评估实施

★目的：了解31—36个月幼儿形状知觉的能力发展。

★工具：圆形、正方形、长方形与椭圆形的镶嵌木板。

★条件：安静的环境及幼儿情绪状态稳定时。

★焦点：观察幼儿是否识别圆形、正方形、长方形与椭圆形。

★步骤：分别将圆形、正方形、长方形与椭圆形从镶嵌木板中取出，请幼儿逐一重新嵌入，每种形状的嵌入可进行三次，最后计算总分。

在上述例子中，"目的"和"焦点"的预设，是采用了正式观察法和"事件取样"的方法，能使读者在最短时间内直接针对观察与评估标的；而在"步骤"中运用的则是参与和直接观察法，让观察者直接与31—36个月幼儿进行互动。此外，表1-7用的是行为检核法。为保证评估的准确性，表格设计时各用了三次来重复进行，在"评估结果分析"处对不同得分区域的结果进行了简单解释。

表 1-7 31—36 个月幼儿形状知觉能力发展观察及评估表

	物体	表现	次数	记录	
观察记录	圆形、正方形、长方形与椭圆形镶嵌木板	正确嵌入圆形	第一次	是	
				否	
			第二次	是	
				否	
			第三次	是	
				否	
		正确嵌入正方形	第一次	是	
				否	
			第二次	是	
				否	
			第三次	是	
				否	
		正确嵌入长方形	第一次	是	
				否	
			第二次	是	
				否	
			第三次	是	
				否	
		正确嵌入椭圆形	第一次	是	
				否	
			第二次	是	
				否	
			第三次	是	
				否	
			总计（次数）	正	
				误	

评估结果分析	幼儿若正确嵌入形状的总计在 9—12 次,说明形状知觉发展得非常好;正确嵌入形状的总计在 5—8 次,说明形状知觉发展得较好;若正确嵌入形状的总计少于 4 次,则说明还需要进一步引导和加强幼儿对于形状知觉的认识;若幼儿对上述所有形状都无法指认并配对,则成人需要进一步关注。

三、分析与建议

本书的目的乃是为了使 0—3 岁婴幼儿照护者、关联专业的职前学生以及托育机构的教师能通过观察与评估,深入了解 0—3 岁婴幼儿的心理发展特点和规律,从而优化养育和托育方式,真正促进 0—3 岁婴幼儿的心理发展。因此,给出具体分析和建议就显得尤为重要。下面就根据本书的实际案例来做具体说明。

(一) 分析板块

分析,是对观察与评估所得的结果进行多维度的分析,供读者参考。在此,依然用针对 31—36 个月幼儿形状知觉发展的观察与评估为例来加以说明。

对于评估总计在 0—4 次区域的幼儿来说,可能是由于以下原因导致:

一是幼儿本身的个体差异。有些幼儿对于形状的认知发展可能相对来说较为缓慢,随着时间推移,逐渐达到正常水平。

二是幼儿所接触的形状知觉刺激较少,他们对于形状的认识不足,因此无法将物体的形状名称与形状本身相对应。

三是幼儿可能存在一些生理上的视觉障碍或认知障碍,成人应予以重视并及时让幼儿就医。

该例子的三个分析分别聚焦的是个体差异、养育方式和高危预警。

第一层分析聚焦 31—36 个月婴幼儿的个体差异。0—3 岁婴幼儿心理发展的个体差异巨大,如果仅将本书自编的观察与评估结果作为唯一的评判标准,容易使照护者或关联者一惊一乍。因此,正确地引导他们关注个体差异,就成了本书分析的首要任务。

第二层分析主要聚焦养育方式。社会生态学理论指出,家庭和托育机构是 0—3 岁婴幼儿发展的微型环境,也是最具影响力的环境。因此,这层的分析旨在让照护者或关联成人能关注养育或托育方式对 31—36 个月幼儿心理发展所带来的影响。

第三层分析聚焦的是可能存在发展障碍。诚如前文所述,观察与评估对有发展高危的 0—3 岁婴幼儿家长提供早期介入和干预的相关信息,所以此处的分析旨在提醒照护者或关联者注意 0—3 岁婴幼儿可能存在的发展高危因素。

（二）建议板块

建议，是针对分析结果提出促进 0—3 岁婴幼儿心理发展的相应建议，主要由两大板块构成，一是理论上的建议，二是针对观察与评估"标的"所涉及的心理发展领域，提供适宜的游戏。如前文所言，照护者或托育机构的教师可以根据形成性评估结果来调整养育或保教方式的策略，促进 0—3 岁婴幼儿的发展和学习，从而为 0—3 岁婴幼儿带来直接好处。在此，继续以针对 31—36 个月幼儿形状知觉的观察与评估结果而给出的具体建议为例。

建议

- 成人要对幼儿的形状知觉发展水平有一定的了解，并且要给予充分的重视，在日常生活中加以引导和关注。

- 日常生活中，应多为幼儿提供相关的形状刺激，比如：在日常交流中，可以告诉幼儿碗是圆的，苹果、橙子等都是圆的等，也可以购置一些形状类玩具，多与幼儿一起互动，加强幼儿对于形状的认识。同时，鼓励幼儿多参与户外活动，引导其观察自然界存在的各种形状物体，例如椭圆形的树叶，圆圆的太阳等，增加幼儿形状认知的趣味性。

以下这些游戏，可供促进幼儿的形状知觉的发展：

游戏 1　找图形

游戏目的： 促进幼儿形状知觉的发展。

游戏准备： 嵌有形状的泡沫垫子。

游戏内容： 成人提供嵌有各种形状图形的泡沫垫子，并将形状图形取下，放在一个篮子里。同时，成人跟幼儿交流，让幼儿观察自己手里的泡沫垫子少了什么形状图形，让幼儿拿着垫子去寻找缺失的形状图形。

案例的第一部分建议，着重于引导照护者或关联者注重在日常生活中促进 31—36 个月幼儿的形状知觉发展，而第二部分，则呈现了适宜 31—36 个月幼儿喜闻乐见的游戏，这些游戏可以是在家庭中实施的亲子游戏，也可以是在托育机构中实施的集体游戏。

本章总结

一、核心概念

（一）观察的核心概念

1. 定义：观察是人类认识世界的一个最基本的方法，也是从事科学研究的一个重要手段。从教育学角度来说，观察就是"既看又想"的过程。

2. 来源：多角度收集观察信息。

3. 分类：根据观察过程的预设性和控制性，观察可分为"正式观察"和"非正式观察"；根据观察者在观察过程中与被观察者是否有互动情况，可分为"参与观察"和"非参与观察"；根据是否借助仪器和技术手段来观察，可将观察方法分为"直接观察"和"间接观察"；根据观察内容是否连续完整以及记录方法的不同，可分为"取样观察"和"评定观察"。

4. 特性：对0—3岁婴幼儿的观察更需具有目的性、客观性和系统性这三大特性。

5. 意义：为促进0—3岁婴幼儿心理发展提供决策性参考，为托育机构的教师提供多个观察"窗口"来收集0—3岁婴幼儿的信息。

（二）评估的核心概念

1. 定义：收集相关信息以便做出教育决策或对0—3岁婴幼儿教育提出干预对策的过程。

2. 过程：七部曲，包括目的、对象、方法、人员、方案、资料和结果七大要素。

3. 特性：关系性、精准性、相关性。

4. 意义：可以了解0—3岁婴幼儿不同月龄阶段的身心发展水平，及早发现0—3岁婴幼儿的发育偏离或异常，与0—3岁婴幼儿家长及时沟通。

（三）观察与评估的关联

观察是评估的基础、工具和依据。

二、主要方法

（一）观察的方法

1. 描述的方法：对被观察者自然发生的行为和事件进行白描式叙述的一种方法。

2. 取样的方法：将行为作为样本的方法，包含时间取样和事件取样两种方法。

3. 评定的方法：用表格对所要观察的行为进行有无和等级判断的方法，通常包含行为检核法和等级评定法。

（二）评估的方法

1. 个案研究法：在一个时间段内对0—3岁婴幼儿心理发展技能和行为进行深入评估的方法。

2. 小组评估文档：将多种方法中的信息保存在一起并进行综合的方式。

3. 结构性访谈：预设一定的话题，让受访者顺着这些问题进行思考并回答的方法。

4. 问卷法：通过收集相关信息的书面问题，来了解0—3岁婴幼儿发展和行为的事实的方法。

三、本书的结构和重点

1. 结构：绪论和实操两大板块，实操维度包含感知觉、动作、认知、语言和社会-情绪。

2. 重点：0—3岁婴幼儿心理发展中的里程碑事件。

巩固与练习

一、简答题

1. 简述观察的主要方法。

2. 简析评估与观察的关联。

二、案例分析题

双生儿的比较

叮叮和当当已有8个月了，虽然是一对双胞胎，但他们每天哭的次数和时间长度不尽相同。叮叮一哄就安静，可是当当怎么哄也哄不好。家长都很难认为这是一对双生子。家长需要通过观察来了解当当每天哭的次数和时间长度，以便"对症下药"，减少当当的大哭次数。

请为叮叮和当当的家长设计适宜且简单的观察量表并给出相应的建议。

参考文献

［1］陈向明.质的研究方法与社会科学研究[M].北京：教育出版社，2000.

［2］施燕，韩春红.学前儿童行为观察[M].上海：华东师范大学出版社，2011.

［3］陈秀云，柯小卫.儿童心理(陈鹤琴教育思想读本)[M].南京：南京师范大学出版社，2012.

［4］莎曼等.观察儿童实践操作指南(第三版)[M].单敏月，王晓平，译.上海：华东师范大学出版社，2008.

［5］阿诺德·格塞尔等.现代文明中的婴幼儿——儿童行为和人格培养指南[M].桑标，等，译.上海：上海人民出版社，2015.

［6］National Association for the Education of Young Children. NAEYC Early Childhood Program Standards and Accreditation Criteria：The Mark of Quality in Early Childhood Education. Redleaf Press，2005.

第二章

0—3 岁婴幼儿感知觉
发展的观察与评估

学习目标

1. 掌握 0—1 岁婴儿感觉发展观察与评估的方法。

2. 掌握 1—3 岁幼儿知觉发展观察与评估的方法。

学习重点

1. 0—1 岁婴儿感觉发展观察与评估。
2. 1—3 岁幼儿知觉发展观察与评估。

学习内容

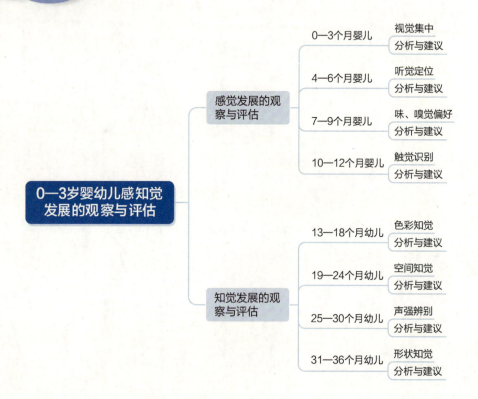

感知觉发展是婴幼儿进行认识活动的基础,是一个人从一出生就拥有的最简单的心理现象,但同时也是一项伟大的能力。本章根据《0—3岁婴幼儿心理发展的基础知识》中的系统划分,对0—3岁婴幼儿的感知觉发展进行观察与评估,感觉部分包括视听觉、味嗅觉和触觉,知觉部分包括视知觉、听知觉和空间知觉。

第一节　感觉发展的观察与评估

一名健康的新生儿在出生时就拥有了健康的感觉器官,为其实现正常的感觉发展提供了基本的生理基础和保障。在三年的时间内,婴幼儿的感觉发展迅速,由弱到强,是一个渐进完善的过程。

一、0—3个月婴儿

0—3个月婴儿的视觉发展中最迅速的能力之一就是"视觉集中"。视觉集中是指个体通过两眼肌肉的协调,能够把视线集中在适当的位置观察物体的能力。从刚出生时不能将双眼视线集中到同一个物体上,到能集中在某一个形状和图案上,婴儿只花费了2—3个月时间,此时能够水平、上下跟随移动物体移动目光大约至90°。[①] 本节将聚焦0—3个月婴儿的视觉集中的两大能力——注视与追视来进行观察与评估。对静态物体的注视,即盯着静止物体持续看2秒或以上;对动态事物的追视,即随着物体移动而转移视线的行为。

(一) 0—3个月婴儿视觉集中能力发展的观察与评估

0—3个月婴儿视觉集中能力发展的观察与评估分别从"依据"和"实施"两方面来进行说明和解析。

1. 观察与评估依据

虽然在胎儿期时,胎儿已有极微弱的视觉,但是出生后,其视觉集中能力依旧处于一个非常低的水平,双眼协调能力较弱,无法双眼同时注视同一物体。但从第三周开始,这种现象有了明显的改善,双眼可以达成视觉集中。到1—2个月时,婴儿的视觉集中水平获得了更高的发展,直到2—3个月时,婴儿能将眼睛聚合在自己活动的手指上,并开始注视远距离的物体。

---

① 何慧华.0—3岁婴幼儿保育与教育[M].上海:上海交通大学出版社,2013:33.

2. 观察与评估实施

下面将分别阐述对3—4周和1—3个月婴儿的视觉集中能力发展的观察与评估。

（1）3—4周婴儿静态物体注视能力的观察与评估实施

图2-1　4周的婴儿在注视玩具[①]

★目的：了解3—4周婴儿静态物体注视能力发展水平。

★工具：色彩鲜艳的玩具。

★条件：婴儿清醒时、仰卧状态下，见图2-1。

★焦点：婴儿是否能注视玩具2秒及以上。

★步骤：在距婴儿眼12厘米左右的地方，放一个玩具，观察婴儿是否能定睛注视该玩具，并观察其注意的持续时间是否能保持在2秒左右。同时，使用表2-1进行记录。

表2-1　3—4周婴儿静态物体注视能力的观察及评估表

	物体	表现		记录	
观察记录	玩具	连续2秒注视玩具	第一次	是	
				否	
			第二次	是	
				否	
			第三次	是	
				否	
		注视玩具时间		秒	
评估结果分析	若婴儿3次都能持续注视玩具2秒钟或以上，则说明其视觉集中发展得很好；若婴儿有1—2次能持续注视玩具2秒钟或以上，则说明其视觉集中发展得尚可，若婴儿3次都无法注视玩具，或注视时间不足2秒，则需要进一步关注。				

（2）1—2个月婴儿静态物体注视能力的观察与评估实施

★目的：了解1—2个月婴儿静态物体注视能力发展水平。

★工具：颜色鲜艳的玩具。

★条件：婴儿清醒时。

---

① 照片由本章主要撰写者李欢提供。

★焦点：婴儿是否能注视玩具5秒及以上。

★步骤：成人在20厘米左右的范围内，将玩具展示给婴儿看，观察婴儿是否能将双眼视线聚焦于玩具，并能注视玩具5秒及以上。同时，使用表2-2进行记录。

表2-2　1—2个月婴儿静态物体注视能力的观察及评估表

	物体	表现		记录	
观察记录	玩具	连续5秒注视玩具	第一次	是	
				否	
			第二次	是	
				否	
			第三次	是	
				否	
		注视玩具时间		秒	
评估结果分析	若婴儿3次都能持续注视玩具5秒钟或以上，则说明其视觉集中发展得很好；若婴儿有1—2次能持续注视玩具5秒钟或以上，则说明其视觉集中发展得尚好，若婴儿3次都无法注视玩具，或注视时间不足5秒，则需要进一步关注。				

(3) 2—3个月婴儿动态物体追视能力的观察与评估实施

★目的：了解2—3个月婴儿对动态物体进行追视的能力。

★工具：成人的手及彩色小球。

★条件：婴儿清醒时。

★焦点：婴儿是否能双眼聚焦于成人手上的小球并进行移动追踪。

★步骤：成人在距婴儿面前15—20厘米的地方，缓缓地摆动自己的手，观察婴儿的双眼是否能在该过程中跟随运动中的小球。同时，使用表2-3进行反复多次的观察记录。

表2-3　2—3个月婴儿视觉集中动态物体追视能力的观察及评估表

	物体	表现	记录	
观察记录	成人用手控制运动的小球	能注视缓慢运动中的小球	是	
			否	
		持续注视时间	秒	
评估结果分析	若婴儿能注视缓慢移动的小球且持续时间在10秒以上，则说明其视觉集中发展得较好；反之成人在日常生活中需要进一步关注婴儿视觉集中能力。			

归纳上述内容,以下给读者呈现一个 0—3 个月婴儿"视觉集中"能力发展的总括性观察与评估表(表 2 - 4)。

表 2 - 4　0—3 个月婴儿视觉集中能力的总括性观察与评估表

婴儿名字＿＿＿＿　　出生日期＿＿＿年＿＿月＿＿日　性别＿＿＿
陪同测试人＿＿＿＿　测试日期＿＿＿年＿＿月＿＿日　测试评估员＿＿＿＿

观察与评估细目	是	否	持续时间(秒)
3—4 周婴儿能持续注视放置在眼距 12 厘米左右的玩具。			
2 个月婴儿能持续注视放置在眼距 20 厘米左右的玩具。			
2—3 个月婴儿能持续追随眼距 15—20 厘米处缓慢移动的玩具。			

根据婴幼儿的实际月龄,对照表 2 - 4 提示的月龄发展项目进行观察,也可以对婴儿从 3 周到 3 个月进行反复持续的观察,如两个以上项目回答"是",表示该婴儿的视觉集中能力发展得较好;如两个以上项目回答"否",则说明该婴儿的视觉集中能力有待提高。

(二) 分析与建议

此处的分析,着重于运用上述观察和评估量表后,剖析 0—3 个月婴儿在视觉集中能力发展方面"有待提高"或"值得注意"的原因,据此给关联成人提出一些适切的建议。

1. 分析

对于评估能力尚不能达到该月龄段一般水平的婴儿来说,其结果产生的原因可能有以下几点:

一是婴儿发展的个体差异性,某些婴儿的视觉集中发展水平较为缓慢;

二是在养育的过程中成人给予婴儿的视觉刺激较少;

三是婴儿存在病理性视觉障碍,可能是受先天遗传影响。

2. 建议

首先,成人需要进一步对其进行持续的关注,不断了解婴儿的视觉集中发展状况,比如,在日常生活中,观察婴儿是否能对某些事物产生兴趣,表现为定睛注视。

其次,成人需要优化养育方式,多与婴儿互动,有意识地对 0—3 个月婴儿呈现多种丰富的视觉刺激,比如在其清醒状态下,成人可以常呈现颜色鲜艳,能引发婴儿关注的玩具来与其互动;也可在婴儿床上方悬挂音乐床铃,在婴儿床护栏周围固定一些颜色鲜艳的玩具等。

第三,成人应重视新生儿的视觉筛查并及早就医。

为了更好地发展婴儿的视觉集中能力,下面将呈现三个相关游戏。

游戏 2－1：做鬼脸

游戏目的： 提升婴儿的视觉集中能力。

游戏准备： 光线充足的空间。

游戏内容： 在婴儿清醒并情绪稳定时，成人的脸靠近婴儿的脸（可以距离20厘米左右），让婴儿能够注意到成人的脸。成人可以通过睁大眼睛，张大嘴，吐出舌头，做出夸张的表情等来吸引婴儿的注意。

游戏 2－2：照镜子

游戏目的： 提升婴儿的视觉集中能力，延长其关注的时间。

游戏准备： 光线充足的空间，镜子一面。

游戏内容： 在婴儿仰卧并清醒、情绪稳定时，成人可以将小镜子放在婴儿的面前。当婴儿看到镜子中的脸时，成人可以告诉他："哇！镜子里是宝宝！"以此来引发婴儿注视镜子的兴趣。

游戏 2－3：发光玩具在哪里

游戏目的： 提升婴儿视觉集中于运动物体的能力。

游戏准备： 光线充足的空间，色彩鲜艳的玩具。

游戏内容： 在婴儿清醒并情绪稳定时，成人用手握住一个软胶发光玩具，在其面前较近的位置缓慢地将玩具朝一个方向移动，之后再往另一个方向移动，一边移动一边捏玩具，使其发光。这样可以更好地吸引幼儿的注意，促使其将视觉集中于缓慢运动的物体。

预警提示：

如果婴儿在出生一个月内不能进行视觉集中，需要成人进行持续关注，假若直到三个月之后，其双眼还是不能一起转至同一方向以注视同一目标，则需要咨询医生。

二、4—6个月婴儿

"听觉定位"能力是对声音来源的空间知觉，指人听到声音时，能判断出声音的发生方向和发生位置的能力。在听觉发展中，"听觉定位"能力占有很重要的地位，4个月以后的婴儿会将2—3个月一度消失的该项能力"失而复得"。因此，本节将聚焦4—6个月婴儿听觉发展中的"听觉定位"能力来进行观察与评估。

（一）4—6个月婴儿听觉定位能力发展的观察与评估

4—6个月婴儿听觉定位能力发展的观察与评估分别从"依据"和"实施"两方面来进行说明和解析。

1. 观察与评估依据

2—3个月时消失的听觉定位能力到婴儿4—5个月时又再次出现。大概四个半月时，婴儿能在黑暗中准确地朝向发声物体，这说明婴儿即使没有看到发声物，但是也会根据听到的声音，将头转向附近的声源。到了六个月，他们开始对声音的远近做出判断[①]，并主动寻找声源。

2. 观察与评估实施

在此，将分 4—5 个月和 5—6 个月这两个月龄段对婴儿的"听觉定位"能力的观察与评估进行阐释说明。

（1）4—5 个月婴儿听觉定位能力的观察与评估实施

目的：了解 4—5 个月婴儿寻找声源的能力。

★工具：铃铛等能发出声音的物品。

★条件：婴儿清醒时。

★焦点：观察婴儿是否能在没有看到发声物时将头转向声源。

★步骤：在婴儿一侧的耳后大约 15 厘米处，在不让其看见的情况下，轻轻晃动铃铛，观察其是否能朝声源方向转动头部。当其转过头部后，再换一个方向摇动铃铛，观察其是否会再次将头转向声源方向。也可以更换成发声轻一些的物体，或者将声源与耳朵的距离调整得更远一些。通过多次反复观察，来评估 4—5 个月婴儿的听觉定位能力。

表 2-5　4—5 个月婴儿听觉定位能力的观察及评估表

	声源	表现		记录
观察记录	轻摇铃铛发出声音	能将头转向声源	是	
			否	
		转换声源方向后能将头转向新的声源	是	
			否	
评估结果分析	若婴儿听到铃声后能转向声源则说明其听觉定位能力发展得较强；若经过多次反复观察，婴儿均不能及时对发出声音方向做出反应，则需要关注其听觉能力，并了解其是否具有听力障碍。			

（2）5—6 个月婴儿听觉定位能力的观察与评估实施

★目的：了解 5—6 个月婴儿听到自己名字的反应。

★工具：无。

★条件：婴儿清醒时。

---

① 周念丽. 0—3 岁儿童观察与评估［M］. 上海：华东师范大学出版社，2013：13.

★焦点：照护者分别在距离婴儿30厘米、50厘米的地方呼唤婴儿的名字，观察他是否会看向照护者。

★步骤：照护者在距离婴儿30厘米、50厘米的地方，温柔地轻声呼唤其名字，观察其是否会灵敏地看向照护者以示回答。在室外也可以进行这样的测试，成人可以适当调整距离，不同距离下多次重复测试，观察婴儿是否会对声音进行定位。

表2-6　5—6个月婴儿听觉定位能力的观察及评估表

	声源	表现	记录	
观察记录	成人呼唤婴儿名字	在室内30厘米、50厘米的地方，听到照护者呼唤其名字后能灵敏地看向成人。	是	
			否	
		在户外30厘米、50厘米的地方，听到照护者呼唤其名字后能灵敏地看向成人。	是	
			否	
评估结果分析	若婴儿听到呼唤后能在不同距离的声源下灵敏地看向成人，以及成人所在的发出声音的方向，则说明其听觉定位能力发展良好；若反复观察后均不能对声音做出反应，则需要进一步关注婴儿听觉定位能力的发展。			

归纳上述内容，我们以下给读者呈现一个4—6个月婴儿的"听觉定位"能力发展的总括性观察与评估表（表2-7）。

表2-7　4—6个月婴儿听觉定位能力的总括性观察与评估表

婴儿名字_____　　出生日期_____年____月____日　性别_____
陪同测试人_____　测试日期_____年____月____日　测试评估员_____

观察与评估细目	是	否
4—5个月，在距耳边15厘米左右处轻摇小铃铛，能转头朝向声源方向。		
5—6个月，在室内外距婴儿30厘米、50厘米处呼唤其名字时能灵敏地转头并看向成人或成人发出声音的所在方向。		

根据婴幼儿的实际月龄，对照表2-7提示的月龄发展项目进行多次观察，如回答大都为"是"，则表示该婴儿的听觉定位能力发展得较好；如每次都回答"否"，则说明该婴儿的相关能力有待提高。

（二）分析与建议

此处的分析，着重于运用上述观察和评估量表后，剖析4—6个月婴儿在听觉定位能力发展方面"有待提高"或"值得注意"的原因,据此给关联成人提出一些适切的建议。

1. 分析

对于评估结果尚不能达到该月龄段一般水平的婴儿来说,其结果产生的原因可能有以下几点:

一是婴儿发展的个体差异性,有些婴儿本身的听力发育较迟。

二是有些婴儿本身对外界的声音刺激反应并不敏感,但其本身并没有听力问题(通过了新生儿听力测试),也可能是因为婴儿听力发展的外在刺激较少。

三是可能由于在成长过程中出现了中耳炎等影响婴儿听觉的疾病,甚至是听觉发展障碍。

2. 建议

首先,需要成人持续关注,在日常生活中有意识地测试婴儿的听力状况。

其次,成人需要多与婴儿说话,多呈现不同物体发出的不同声音,密切关注其反应。比如,成人可以多与婴儿说话、互动,多呈现不同物体所发出的不同声音;也可以在呈现动物图片或玩具的同时,模仿动物叫,让婴儿能够将物体和声音之间建立起关系;还可以在婴儿床边绑上会发出声音的玩具,一旦婴儿踢到或碰到就会发出响声,这样的设置会增添婴儿躺卧时声音刺激的机会,有助于婴儿听觉的发展。

第三,成人需要在养育过程中保护好婴儿的耳朵,避免水灌入耳道,要谨慎清理耳道,同时谨慎用药,避免使用耳毒性药物(可引起听觉系统损伤的药物);避免噪音与强音对听觉产生不良影响等(如避免婴儿耳边出现汽车喇叭的声音等)。特别需要关注的是,中耳炎在 6 个月—3 岁之间是高发期[①],需要特别注意。如果出现听觉方面的严重症状应及时就医。

以下两个听觉游戏有助于促进婴儿听觉的发展:

游戏 2-4:动物在哪里

游戏目的: 提升婴儿的听觉定位能力。

游戏准备: 动物玩具(比如说手偶)或者印有动物的图片。

游戏内容: 成人拿着动物玩具或图片,躲在后面学动物的叫声,比如小狗"汪汪汪",小猫"喵喵喵",吸引婴儿的注意,待婴儿将头转向动物时,成人及时鼓励:"太棒了!"

游戏 2-5:身边的声音

游戏目的: 提升婴儿的听觉定位能力。

游戏准备: 会发出声音的玩具或其他物品。

---

① 谢弗. 发展心理学——儿童与青少年(第六版)[M].邹泓,等,译.北京:中国轻工业出版社,2005:199.

游戏内容： 在婴儿手上绑上一个小铃铛，或者给他一个用手握住可以发出声音的玩具（拨浪鼓、沙锤等），也可以在其身边放置一个小电子琴（注意调低音量）。这样可以让婴儿在摆动手、碰到琴键的时候就能发出不同的声音，成人在旁边予以回应与鼓励。婴儿非常喜欢自己能弄出声音。

预警提示：

婴儿的听觉发展需要家长在平时多加留意关注，如果出现了一些早期的警示信号，建议及早就医：

（1）对比较响的声音没有反应；

（2）4—5个月大的时候，呼唤婴儿的名字时他不能将头转向发出声音的地方。

三、7—9个月婴儿

味觉和嗅觉是婴儿探索世界、认识外界事物的重要途径之一，两者之间相互联系[①]。在出生后，婴儿的味觉与嗅觉发展迅速，直到10—12个月时，其发展水平与成人几乎无异。

在本章中，7—9个月婴儿的感觉发展将聚焦于味、嗅觉发展中的味、嗅觉偏好来进行观察与评估。

（一）7—9个月婴儿味、嗅觉偏好能力发展的观察与评估

7—9个月婴儿味、嗅觉偏好能力发展的观察与评估分别从"依据"和"实施"两方面来进行说明和解析。

1. 观察与评估依据

从4—6个月开始，婴儿的味觉偏好开始发生变化，开始接受除甜之外的其他味道，嗅觉也更为灵敏；到了7—9个月，其味觉和嗅觉继续发展，喜欢的味道范围不断扩大，但对不喜欢的食物会通过一些行为表现出来，比如通过紧闭双唇来表示不喜欢。

2. 观察与评估实施

★目的：了解7—9个月婴儿味、嗅觉偏好的能力发展，是否会出现拒绝等反应。

★工具：苹果泥、醋、蔬菜汁。

★条件：婴儿清醒时。

★焦点：观察婴儿是否会对不同的食物产生不同的反应。

★步骤：将苹果泥、醋与蔬菜汁分别装到同样的杯子里，先让婴儿闻一闻，观察他的

[①] 马丁·沃德·普拉特. 奇迹般的童年——0—5岁儿童发展与教育指南[M]. 张文新, 译. 济南：山东科学技术出版社，2007：76.

反应有没有差异；再用筷子蘸取一些食物，分别让其尝一尝，观察婴儿是否愿意张开嘴接受。

表2-8　7—9个月婴儿味、嗅觉偏好能力的观察及评估表

	物体	表现	记录	
观察记录	苹果泥	品尝表情愉悦	是	
			否	
		愿意张口继续接受食物	是	
			否	
	醋	闻过后表现出厌恶	是	
			否	
		拒绝张口接受食物	是	
			否	
	蔬菜汁	尝过后表示喜欢，表情愉悦	是	
			否	
		希望继续品尝，愿意张口接受食物	是	
			否	
评估结果分析	若婴儿能对苹果泥表示特别的喜好，对醋表现出明显的排斥，比如皱眉、皱鼻子、扭开头去等，说明其具备显著的嗅觉偏好，与此同时，拒绝张口品尝醋的味道，以及某些婴儿在品尝蔬菜汁的时候也会表现出不喜欢的表情，这说明其具备显著的味觉偏好；若婴儿无法表现出对于不同食物的味、嗅觉偏好，成人需要进一步关注婴儿平时的味、嗅觉发展，并及时就医排查。			

(二) 分析与建议

此处的分析，着重于运用上述观察和评估量表后，剖析7—9个月婴儿在味、嗅觉偏好发展方面"有待提高"或"值得注意"的原因，据此给关联成人提出一些适切的建议。

1. 分析

对于评估结果不能达到该月龄一般水平的婴儿来说，其结果产生的原因与建议有以下几点：

一是婴儿发展的个体差异性，一些婴儿对于物体味道的偏好表现并不明显。

二是照护者提供的刺激较为单一，婴儿接触不同气味和味道的途径有限，使其发展味、

嗅觉偏好的机会较少,这会影响其味、嗅觉发展。

三是婴儿可能存在味、嗅觉障碍,可能是先天性的因素,如先天发育不良,或者是遗传疾病(如先天性嗅觉发育障碍)等;也可能是鼻腔疾病或舌部疾病,导致其获取味道信息功能受限;感冒也会影响到婴儿的味、嗅觉灵敏度,从而对味道的反应出现迟钝。另外,缺锌的婴儿对酸甜苦辣等味道的敏感度也比健康婴儿差,因为缺锌会导致味觉迟钝,嗅觉异常。

2. 建议

首先,成人需仔细观察婴儿的细微反应,了解其真实能力。

其次,成人需要提供多样的味道和气味的刺激,让婴儿能够多渠道接收味道和气味的信息,并帮助其建立起气味和味道与相对应物体之间的联系。这将有利于婴儿味觉和嗅觉的发展。比如说,可以多带婴儿到户外闻一闻各种各样的气味,也可以让婴儿去接触不同水果的气味和味道,特别是在添加辅食上,丰富的种类有助于婴儿味、嗅觉的发展,还要注意适当加锌。另外,成人需要注意密切关注并制止婴儿把危险的东西放在嘴巴里品尝。

第三,当婴儿存在一些病理性味、嗅觉问题的时候,需要及时就医,尽早治疗。

以下是帮助婴儿发展其味、嗅觉的小游戏。

游戏 2－6：多味的水果

游戏目的: 促进婴儿味觉的发展。

游戏准备: 苹果汁、西瓜汁、橙汁、柚子汁。

游戏内容: 将上述果汁装在杯子里,成人分别用筷子蘸一些喂给婴儿品尝,一边喂一边对水果的名称和特性与婴儿的表现进行说明和描述。比如,成人可以说:"这是橙汁,甜甜的、酸酸的。"在这几种水果中,苹果与橙子是带有酸味的,柚子汁会带有一些苦味,西瓜汁是纯粹的甜味,这让婴儿对不同的口味有所了解。

游戏 2－7：闻闻看

游戏目的: 促进婴儿嗅觉的发展。

游戏准备: 煮热的醋、牛奶与米糊。

游戏内容: 将醋、牛奶和米糊煮热,可以散发出更为明显的气味,有助于婴儿去感受。成人将上述材料分别放在杯子里,递到婴儿的鼻子前,让其闻一闻,并关注婴儿的表情反应,用语言描述出来,比如:"这是醋,酸酸的。"牛奶和米糊是婴儿比较熟悉和喜爱的味道,可以看到婴儿开心的表情,甚至迫切想品尝。

预警提示:

如果出现了一些早期的警示信号,建议及早就医:

1. 婴儿对于气味和味道没有表现出偏好。

2. 婴儿对于有酸、辣等味道的食物没有表现出排斥的反应。

四、10—12个月婴儿

触觉是婴儿探索世界的一种非常重要的感觉,也是在人类的身上最复杂、分布最广的感觉。研究表明,在胎儿期,婴儿的触觉就已经开始发展,在出生之后,其触觉就十分灵敏,甚至能对"吹到他皮肤上的气流有反应"①,其触觉感受能力已接近成人水平。与此同时,通过触觉与视觉、听觉的结合,婴儿能使自己的动作技能发展更为精确,更容易触碰到感兴趣的事物,其"触觉识别"能力也得到了发展。所谓"触觉识别",是指婴幼儿用自己的手或脚等触觉来感知物体的外部特征以及对材质属性的感知能力。

本节将聚焦10—12个月婴儿触觉发展中的"触觉识别"能力来进行观察与评估。

(一) 10—12个月婴儿触觉识别能力发展的观察与评估

10—12个月婴儿触觉识别能力发展的观察与评估分别从"依据"和"实施"两方面来进行说明和解析。

1. 观察与评估依据

10—12个月婴儿的触觉识别能力快速发展,开始分辨出所接触物体的不同材质,并开始将触摸印象与视觉影像进行配对。

2. 观察与评估实施

★目的:了解10—12个月婴儿触觉识别的能力。

★工具:不同质地的玩具,如塑料玩具、布艺玩具、软胶玩具等。

★条件:婴儿清醒时。

★焦点:观察婴儿触摸不同材质玩具时的反应,了解其喜好,并观察其是否能指认不同材质的玩具。

★步骤:把不同质地的玩具递给婴儿,每一次拿一件给婴儿摸摸,并根据玩具的材质,告知"这是软软的"或"这是硬硬的"或"这是毛毛的",每种玩具可以反复呈现3—5次,呈现结束后逐一呈现不同材质的玩具,观察婴儿是否能正确指认。

---

① 马丁·沃德·普拉特. 奇迹般的童年——0—5岁儿童发展与教育指南[M]. 张文新,译. 济南:山东科学技术出版社:2007:78.

表 2-9　10—12 个月婴儿触觉识别能力的观察及评估表

	物体	表现	记录	
观察记录	不同材料的玩具	能够指认毛毛的玩具	是	
			否	
		能够指认硬硬的玩具	是	
			否	
		能够指认软软的玩具	是	
			否	
评估结果分析	若 10—12 个月的婴儿能对两种或以上不同材质的玩具加以区分,说明该婴儿的触觉识别能力发展良好。若已到了 12 个月,婴儿还不能将不同材质的特征与语言对应起来,则说明其两者之间还没有建立起联结,需要进一步增加这方面的刺激。			

(二) 分析与建议

此处的分析,着重于运用上述观察和评估量表后,剖析 12 个月左右的婴儿在触觉识别能力发展方面"有待提高"或"值得注意"的原因,据此给关联成人提出一些适切的建议。

1. 分析

对于 12 个月婴儿在触觉识别能力发展上还有待提高的原因可能有以下几点:

一是不同婴儿的发展具有一定的个体差异性,有些婴儿本身触觉灵敏度较弱。

二是婴儿在日常生活中,可能接触到的刺激比较少,所接触的事物比较单一,或者是平时在与成人的互动中,成人提供的可以让婴儿动手操作,用身体去接触、触碰的机会比较少。

三是婴儿有一定的触觉感受困难。

2. 建议

一是需要持续关注与反复刺激。比如,平时要认真观察婴儿在与不同材质的物体接触的时候,是否会出现不同的反应。

二是需要为婴儿提供多样的刺激,可以提供塑料的小车、铁质的铃铛、填绒的布艺娃娃等不同材质的玩具;也可以让其触碰不同材质的物品,如粉状的奶粉、软软的馒头、有温度差别的水(冷水和 30 度的水)等,丰富的刺激将有利于婴儿触觉的发展。同时,要允许婴儿在不同的地方活动,比如,可以让婴儿在草地、地毯、大理石等地面上爬;带婴儿去户外触摸各种植物、动物、泥土等自然物(注意卫生和安全性);多让婴儿进行抓握活动等。

三是可以经常对婴儿进行全身抚触或者做一些被动操,多给婴儿一些拥抱,对皮肤的抚触将有助于婴儿神经系统的发展,从而有助于儿童触觉的发展。

下面的游戏可为促进婴儿的触觉发展提供参考：

游戏 2-8：洗澡游戏

游戏目的： 促进婴儿触觉识别能力的发展。

游戏准备： 浴缸、莲蓬头、水。

游戏内容： 把婴儿放入合适的温水中，让他感受水；再调整莲蓬头喷水的模式，用不同水压的水流喷射婴儿身体的各个部位，让其感受水的冲力（注意喷射的强度不要太大）；适当调整水的温度，让其感受水温的变化。在此过程中，成人可以有意识地辅以语言，将"冷"、"热"等属性的词与当时的情景结合起来。

游戏 2-9：沙水游戏

游戏目的： 促进婴儿触觉识别能力的发展。

游戏准备： 沙、水、鹅卵石等。

游戏内容： 将沙和鹅卵石都放在大盆里，让婴儿用手、脚去感受沙或鹅卵石的触感差异；在旁边的另一个盆里放入水，让婴儿可以去感受水；将水混入沙泥中，感受沙泥与水结合后不同状态的触感，同时，成人在一边可以对沙、鹅卵石的特征进行描述，促进婴儿触觉识别能力的发展。

预警提示：

如果婴儿出现了以下情况，要引起重视甚至需及时就医：

(1) 无法感受到不同材质的物体之间的区别。

(2) 当有跌痛甚至被擦伤时，不会哭。

(3) 婴儿非常讨厌被触碰，即使是最亲密的照护者也不例外。

第二节　知觉发展的观察与评估

知觉是客观事物直接作用于感官而在头脑中产生的对事物整体的认识，知觉以感觉为基础，是人脑对感觉的信息进行选择、加工解释的过程，这个过程需要感觉器官和大脑的共同参与。本节将与《0—3 岁婴幼儿心理发展的基础知识》相匹配，对 13—36 个月幼儿的视知觉、空间知觉与听知觉进行观察与评估。

一、13—18 个月幼儿

视知觉是个体借助眼睛辨别外界物体的明暗、颜色和形状等并对其进行信息加工的能力。通常来说,视知觉的发展主要表现在物体知觉、图案知觉、色彩知觉这几个方面。

"色彩知觉"是指人眼看到某种颜色而产生的感觉,在实际生活中,色彩的生理现象与心理现象往往是分不开的。本节将聚焦13—18个月幼儿知觉发展中的色彩知觉来进行观察与评估。

(一) 13—18个月幼儿色彩知觉能力发展的观察与评估

13—18个月幼儿的色彩知觉能力发展的观察与评估分别从"依据"和"实施"两方面来进行说明和解析。

1. 观察与评估依据

7—9个月的婴儿已能辨认相近的颜色,10—12个月婴儿可以通过更多的稳定性线索来辨别物体,也可以通过残缺的图形识别全图。13个月以后,婴儿的色彩知觉由感知转变到了识别,实现了质的飞跃;到了15个月,就对红、黄、蓝色有了更明确的认知,甚至能从多种颜色中将这些颜色辨认出来。

2. 观察与评估实施

在此将分别对13—15个月幼儿和16—18个月幼儿的色彩知觉能力进行观察与评估。

(1) 13—15个月幼儿实物色彩知觉的观察与评估实施

★目的:了解13—15个月幼儿色彩知觉的能力发展。

★工具:红色和蓝色的积木及盘子。

★条件:幼儿清醒时。

★焦点:能否辨认红、蓝两色并能指认配对。

★步骤:呈现红色和蓝色的盘子,将红色和蓝色的积木分别逐一展示给幼儿看,每展示一个积木或一个盘子时,就根据积木和盘子的颜色,告诉幼儿:"这个是蓝色(红色)。"保证每个积木和盘子都重复三遍后,说出积木或盘子的颜色,让幼儿指认并请幼儿把红色或蓝色的积木放到相同颜色的盘子中。

表2-10　13—15个月幼儿对实物色彩知觉能力的观察及评估表

观察记录	物体	表现	记录	
观察记录	彩色积木与盘子	能指认红、蓝两色	第一次	是	
				否	
			第二次	是	
				否	

物体	表现		记录	
观察记录		第三次	是	
			否	
	能匹配红、蓝积木和盘子	第一次	是	
			否	
		第二次	是	
			否	
		第三次	是	
			否	
评估结果分析	若幼儿能 2—3 次辨认出红色和蓝色积木，并能匹配相同颜色的盘子和积木，则说明其色彩知觉发展得非常好；若有 1 次辨认出红色和蓝色积木，并能匹配相同颜色的盘子和积木，则说明其色彩知觉发展尚可；若完全不能辨认和匹配颜色，则成人需要进一步关注其平时颜色视觉发展的能力，并高度重视，必要时寻找专业帮助。			

(2) 16—18 个月幼儿卡片色彩知觉的观察与评估实施

★目的：了解 16—18 个月幼儿色彩知觉的能力发展。

★工具：红、黄、蓝三种颜色的卡片。

★条件：幼儿清醒时。

★焦点：观察幼儿是否能辨认出红色、蓝色和黄色。

★步骤：将红、黄、蓝三张不同颜色的卡片一边逐一给幼儿看，一边依次根据卡片的实际颜色告知"这是红色卡片"或"这是黄色卡片"或"这是蓝色卡片"，保证每张颜色的卡片都重复三次，然后请幼儿指认出哪一张是红色、哪一张是黄色和哪一张是蓝色。

表 2-11　16—18 个月幼儿卡片色彩知觉能力的观察及评估表

物体	表现	记录	
观察记录	红色卡片	能指认出红色	是
			否
	黄色卡片	能指认出黄色	是
			否
	蓝色卡片	能指认出蓝色	是
			否

评估结果分析	若幼儿能从红、黄、蓝中指认两种或三种颜色,则说明其色彩知觉发展得较好;若幼儿不能指认出这三种颜色,则成人需要进一步关注幼儿平时色彩知觉能力的发展情况。

归纳上述内容,以下给读者呈现一个 13—18 个月幼儿"色彩知觉"能力发展的总括性观察与评估表(表 2 - 12)。

表 2 - 12　13—18 个月幼儿色彩知觉能力的总括性观察与评估表

幼儿名字＿＿＿＿　　出生日期＿＿＿年＿＿月＿＿日　性别＿＿＿＿
陪同测试人＿＿＿＿　测试日期＿＿＿年＿＿月＿＿日　测试评估员＿＿＿＿

观察与评估细目	记录	
13—15 个月幼儿能指认红、蓝色积木。	是	否
13—15 个月幼儿能将红、蓝色积木与红、蓝色盘子进行匹配。	是	否
16—18 个月幼儿能指认红色卡片。	是	否
16—18 个月幼儿能指认黄色卡片。	是	否
16—18 个月幼儿能指认蓝色卡片。	是	否

根据 13—18 个月幼儿的实际月龄,对照表 2 - 12 提示的相应月龄项目进行观察,如果 13—15 个月幼儿的反应中有一个及以上"是";16—18 个月幼儿能指认两种及以上颜色的卡片,则表示色彩知觉能力的发展较好;如果都回答"否",则说明该幼儿的色彩知觉能力有待提高。

(二) 分析与建议

此处的分析,着重于运用上述观察和评估量表后,剖析 13—18 个月幼儿在色彩知觉能力发展方面"有待提高"或"值得注意"的原因,据此给关联成人提出一些适切的建议。

1. 分析

对于评估结果尚不能达到要求的幼儿来说,可能是由于以下原因导致:

一是幼儿的知觉发展具有个体差异性,有些幼儿的发展相对于平均水平来说较为缓慢,随着时间的推移,会发展到正常水平。

二是幼儿可能在日常生活中接触到的颜色刺激比较单一,不够丰富;也可能是对于颜色的名称认识不够,无法将颜色类别与名称进行匹配。

三是幼儿可能存在一定的视觉问题（如色盲、色弱等），导致无法看清及辨认物体或颜色。对于有视觉障碍的幼儿，成人需要带其及早就医，及时矫正。

2. 建议

一方面，需对幼儿色彩知觉的发展引起足够的重视，密切关注幼儿的色彩知觉能力的发展。

另一方面，需在日常生活中尽量为幼儿提供多样丰富的颜色刺激，可以购置颜色鲜艳的衣物、玩具、餐具、寝具等，并有意识地多与幼儿谈论颜色，比如：在吃苹果的时候跟幼儿说："宝宝你看，这是红色的苹果"，"红色"一词可以重复强调。丰富的颜色刺激有助于幼儿色彩知觉能力的发展。同时，也有必要多带幼儿参加户外活动，大自然对于幼儿的视觉生理器官的发展具有很好的刺激作用。

以下是促进幼儿色彩知觉能力发展的小游戏，可供参考。

游戏 2－10：玩海洋球

游戏目的： 促进幼儿色彩知觉能力的发展。

游戏准备： 以红、黄、蓝三色为主的海洋球。

游戏内容： 成人和幼儿一起坐在色彩丰富的海洋球里，拿起一个红色的海洋球，让他摸一摸，可以说："宝宝来摸一摸这个圆圆的海洋球，这个海洋球是红色的"（可以重复多次）。然后再将海洋球放在他手里让他自己玩一会儿。接着成人可以再拿起另一个黄色的海洋球，说："宝宝来摸一摸，这个圆圆的海洋球是黄色的、滑滑的"（可以重复多次）。让幼儿在这样丰富的颜色刺激里发展其色彩知觉能力。

游戏 2－11：三色雪花片

游戏目的： 促进幼儿色彩知觉辨识能力的发展。

游戏准备： 红、黄、蓝三色雪花片，红、黄、蓝三色盆子。

游戏内容： 成人让幼儿认识雪花片的颜色："宝宝，这是红色，这是黄色的……"然后成人将雪花片放入一个纸板盒里，请幼儿伸手入盒，去摸一个雪花片出来，将这个颜色的雪花片放入相同颜色的盆子里。成人需要给予幼儿及时的鼓励与肯定，帮助幼儿建立起颜色的名称概念。

预警提示：

如果幼儿不能辨认不同颜色之间的区别，则需要引起重视，必要时可寻找专业帮助，及时就医。

二、19—24 个月幼儿

空间知觉是反映物体的形状、大小、深度、方位等空间特征的知觉，而视知觉也会涉及对颜色、形状、图案的感知,两部分内容似乎有交叉和重叠,但前者侧重于知觉对象,后者侧重于知觉通道。

本节将聚焦于19—24个月幼儿的空间知觉来进行观察与评估。

(一) 19—24个月幼儿空间知觉能力发展的观察与评估

19—24个月幼儿的空间知觉能力发展的观察与评估分别从"依据"和"实施"两方面来进行说明和解析。

1. 观察与评估依据

13—18个月幼儿进入立体空间感的黄金期。从1岁开始,幼儿开始对左右、前后、远近等立体空间有了初步的认识,19—24个月幼儿将立体空间感发展得更好,不仅可以感知物体的距离、大小,还可以区分物体的内圈和外圈。

2. 观察与评估实施

★目的:了解19—24个月幼儿空间知觉的能力发展。

★工具:皮球。

★条件:空旷的户外或室内。

★焦点:观察幼儿是否会根据球的方向适时改变自己的运动方向,是否会判断适合拾球的距离与时机。

★步骤:成人和幼儿站在一处,将皮球向前滚出,鼓励幼儿去追皮球,观察幼儿是否能根据球滚动的方向进行位移,追着球跑;成人也可以和幼儿一起追着球跑,并适时地改变球运动的方向,观察幼儿是否也会改变方向再次追球跑。同时,成人需要观察幼儿在快要追到球的时候,是否会适时蹲下来或弯下腰拾球。每个观察聚焦的活动至少重复3次或以上。

表2-13 19—24个月幼儿空间知觉能力的观察及评估表

	物体	表现	记录	
观察记录	皮球	会根据球的方向追皮球	是	
			否	
		会因为球改变方向而相应改变方向	是	
			否	
		在快追到球的时候适时拾球	是	
			否	

评估结果分析	若幼儿3次都能追皮球并适时改变运动方向,还能判断出球离自己比较近了,是一个可以拾球的适当距离了,则说明其空间知觉发展处于很高水平;若幼儿有1—2次能追皮球并适时改变运动方向,还能判断出球离自己比较近了,是一个可以拾球的适当距离了,则说明其空间知觉发展处于较好水平;若幼儿在测评中,其相关的行为记录全部出现了"否",说明空间知觉方面还需要进一步发展。

(二) 分析与建议

此处的分析,着重于运用上述观察和评估量表后,剖析24个月左右的幼儿在空间知觉能力发展"有待提高"或"值得注意"的原因,据此给关联成人提出一些适切的建议。

1. 分析

可能的原因:

一是幼儿的个体差异导致的。幼儿的知觉发展也和感觉发展一样,存在着快慢之分,有些幼儿的空间知觉发展相对缓慢。

二是可能在日常生活中缺乏促进空间知觉发展的刺激。

2. 建议

需要成人对19—24个月幼儿的空间知觉给予相应的关注与刺激,促进幼儿空间知觉能力的发展;在日常生活中,多用语言引导幼儿关注运动的物体,平时要多带幼儿去户外观察与游戏,在大自然的活动中促进幼儿空间知觉的良好发展。

以下是一些促进幼儿空间知觉能力发展的小游戏,可供参考:

游戏 2－12:抓小尾巴

游戏目的: 促进幼儿空间知觉能力的发展。

游戏准备: 一条长丝巾。

游戏内容: 在空旷的室外或室内,成人在腰上绑一条长丝巾,长丝巾的一端拖得长长的,像小尾巴一样,方便抓取。成人在幼儿面前慢慢地向前或向后、向左或向右走动,鼓励幼儿抓住那条长丝巾,在这个过程中控制速度,在幼儿追逐一小会儿后便让幼儿能抓住,这样可以增加幼儿的成就感,使其愿意继续玩这个游戏。

游戏 2－13:吹泡泡

游戏目的: 促进幼儿空间知觉能力的发展。

游戏准备: 吹泡泡机或吹泡泡的简易设备(一根吸管,一杯泡泡液)。

游戏内容: 在空旷的室外,成人将泡泡机打开,制造出大量泡泡,让幼儿朝不同方向追泡泡;也可以用吹泡泡的简易设备来进行,以便控制泡泡的大小与数量。

三、25—30 个月幼儿

听知觉是大脑对耳朵听到的信息进行加工和处理,并与过去的经验整合后产生知觉(声音的位置、意义、发展等)的过程,听知觉的发展是与听觉及认知发展紧密联系在一起的。听知觉的发展主要有听知觉辨别能力、声强辨别能力、听知觉记忆力、听知觉排序力、听说结合能力等几个方面。

所谓"声强"是指声波的平均能流密度的大小,通俗来讲,就是声音的强度。"声强辨别"就是人耳对声音强弱的辨别力。本节将对 25—30 个月幼儿的"声强辨别力"进行观察与评估。

(一) 25—30 个月幼儿声强辨别力发展的观察与评估

25—30 个月幼儿声强辨别力发展的观察与评估分别从"依据"和"实施"两方面来进行说明和解析。

1. 观察与评估依据

随着听觉阈限不断变低,25—30 个月龄段的幼儿开始能够辨别出声强的微小变化。对低声的感受力不断增强,对微弱的声音越来越敏感。当播放两种仅有微小差异的旋律时,该月龄段的幼儿也能辨别出它们是不相同的。

2. 观察与评估实施

★目的:了解 25—30 个月幼儿声强辨别力的发展。

★工具:春雨沙沙的声音、夏天打雷的声音录音,下雨的卡片和打雷卡片。

★条件:安静的环境及幼儿情绪状态稳定时。

★焦点:观察幼儿是否会根据轻柔的雨声和较强烈的雷声做出不同反应(注意不能把雷声调得太大,以免惊吓到幼儿)。

★步骤:播放下雨或雷声的录音,播放时呈现相对应的卡片并告诉幼儿:"这是下雨的声音"或"这是打雷的声音",保证雨声和雷声的录音与匹配的卡片都重复三遍后,播放下雨或雷声的录音,让幼儿指认相应的卡片,可以重复三次。

表 2-14 25—30 个月幼儿声强辨别能力的观察及评估表

	物体	表现	记录	
观察记录	雨声和雷声录音及卡片	听到雨声后能指认相应卡片	第一次	是
				否

物体	表现	记录		
观察记录		第二次	是	
			否	
		第三次	是	
			否	
	听到雷声后能指认相应卡片	第一次	是	
			否	
		第二次	是	
			否	
		第三次	是	
			否	
评估结果分析	若幼儿能两次或以上正确辨认出下雨或打雷的声音,说明其声强辨别能力发展良好;若幼儿正确辨认次数低于 1 次,则需要进一步关注其听知觉能力的发展。			

(二) 分析与建议

此处的分析,着重于运用上述观察和评估量表后,剖析 25—30 个月幼儿在声强辨别力发展"有待提高"或"值得关注"的原因,据此给关联成人提出一些适切的建议。

1. 分析

幼儿在日常生活中接受的自然声音信息的刺激较少,可能导致声强辨别力的发展受限。

2. 建议

一是要充分认识到听知觉能力的发展对于幼儿的学习与生活具有关键的意义和价值,要多去了解幼儿听知觉发展的相关知识与信息;

二是多让幼儿接触自然,聆听大自然的声音,加强其声强辨别力。

以下这些游戏,可供参考:

游戏 2－14：倾听小动物说话

游戏目的： 促进幼儿声强辨别力的发展。

游戏准备： 青蛙和小猫叫声的录音及相对应卡片。

游戏内容： 播放青蛙和小猫叫声的录音,同时呈现相对应卡片,成人与幼儿轮流抽取卡片,抽到青蛙或小猫的卡片,就播放相应的录音。

游戏 2 – 15：幸福歌

游戏目的： 促进幼儿声强辨别力的发展。

游戏准备： 较宽敞的空间。

游戏内容： 成人拉着幼儿的手（也可以和一群幼儿同时进行）围在一起，大声唱"感到幸福我们就轻轻地拍拍手"或"感到幸福我们就用力地跺跺脚"，让幼儿模仿轻轻拍拍手，用力跺脚动作，游戏可以反复进行。

预警提示：

如果数次评估之后都发现幼儿不具有听知觉辨别能力，可能存在听知觉失调，应及时就医。

四、31—36 个月幼儿

形状知觉指个体对物体的边界感、轮廓及细节等方面的整体知觉，从属于空间知觉。

本节将聚焦 31—36 个月幼儿的形状知觉来进行观察与评估。

（一）31—36 个月幼儿形状知觉能力发展的观察与评估

31—36 个月幼儿形状知觉能力发展的观察与评估分别从"依据"和"实施"两方面来进行说明和解析。

1. 观察与评估依据

25—36 个月幼儿对复杂的物体形状也可以有较准确的反应，特别是进入 30 个月以后，由于图案知觉基本成熟，幼儿对长方形、椭圆形也能加以识别，甚至可以容易地识别出图案信息，能感知两个相似图案中的细微差别，如区别出图案里的不同颜色和形状。

2. 观察与评估实施

★目的：了解 31—36 个月幼儿形状知觉的能力发展。

★工具：圆形、正方形、长方形与椭圆形的镶嵌木板。

★条件：安静的环境及幼儿情绪状态稳定时。

★焦点：观察幼儿是否识别圆形、正方形、长方形与椭圆形。

★步骤：分别将圆形、正方形、长方形与椭圆形从镶嵌木板中取出，让幼儿逐一重新嵌入，每种形状的嵌入可进行三次，最后计算总次数。

表 2–15 31—36 个月幼儿形状知觉能力的观察及评估表

	物体	表现	次数	记录	
观察记录	圆形、正方形、长方形与椭圆形的镶嵌木板	正确嵌入圆形	第一次	是	
				否	
			第二次	是	
				否	
			第三次	是	
				否	
		正确嵌入正方形	第一次	是	
				否	
			第二次	是	
				否	
			第三次	是	
				否	
		正确嵌入长方形	第一次	是	
				否	
			第二次	是	
				否	
			第三次	是	
				否	
		正确嵌入椭圆形	第一次	是	
				否	
			第二次	是	
				否	
			第三次	是	
				否	
			总计（次数）	正	
				误	

评估结果分析	若幼儿正确嵌入形状总计在 9—12 次，说明形状知觉发展得非常好；正确嵌入形状总计在 5—8 次，说明形状知觉发展得较好；若正确嵌入形状总计若少于 4 次则说明还需要进一步引导和加强幼儿对于形状知觉的认识；若幼儿对上述所有形状都无法指认并配对，则成人需要进一步关注。

（二）分析与建议

此处的分析，着重于运用上述观察和评估量表后，剖析 31—36 个月婴儿在形状知觉能力发展方面"有待提高"或"值得注意"的原因，据此给关联成人提出一些适切的建议。

1. 分析

对于评估结果在 0—4 次区域的幼儿来说，可能是由于以下原因导致：

一是幼儿本身的个体差异导致的。有些幼儿对于形状的认知发展可能相对来说较为缓慢，随着时间推移，逐渐达到正常水平。

二是幼儿所接触的形状知觉刺激较少，他们对于形状的认识不足，因此无法将物体的形状名称与形状本身相对应。

三是幼儿可能存在一些生理上的视觉障碍或认知障碍，成人应予以重视，并及时就医。

2. 建议

成人要对幼儿的形状知觉发展水平有一定的了解，并且要给予充分的重视，在日常生活中加以引导和关注。

同时，日常生活中，应多为幼儿提供相关的形状刺激，比如：在日常交流中，可以告诉幼儿碗是圆的，苹果、橙子等都是圆的等，也可以购置一些形状类玩具，多与幼儿一起互动，加强幼儿对于形状的认识。同时，鼓励幼儿多参与户外活动，引导其观察自然界存在的各种形状物体，例如，椭圆形的树叶、圆圆的太阳等，增加幼儿形状认知的趣味性。

以下这些游戏，可供发展幼儿的形状知觉能力时使用。

游戏 2-16：找图形

游戏目的： 促进幼儿形状知觉的发展。

游戏准备： 嵌有形状的泡沫垫子。

游戏内容： 成人提供嵌有各种形状图形的泡沫垫子，将形状图形取下，放在一个篮子里。跟幼儿交流，让幼儿观察自己手里的泡沫垫少了什么形状图形，让幼儿拿着垫子去寻找缺失的形状图形。

游戏 2-17：拼图

游戏目的： 促进幼儿形状知觉的发展。

游戏准备： 4 块基本图形的拼图。

游戏内容： 为幼儿提供简单的 4 块拼图，当幼儿能够顺利拼出时，可以适当增加拼图的片数。在这个过程中，成人应鼓励幼儿，提示幼儿认真仔细观察拼图的形状特点（凹凸设计等），当幼儿能顺利完成拼图时，要及时表扬。提供的拼图尽量颜色鲜艳，富有童趣，能引发幼儿的兴趣。

本章总结

	月龄段	观察与评估聚焦内容
第一节 感觉发展的 观察与评估	0—3 个月	**视觉集中：** 新生儿 **注视**玩具 2 秒左右、1—2 个月 5 秒、2—3 个月**追视** 指标：是/否；持续时间　　秒
	4—6 个月	**听觉定位：** 4—5 个月：寻找声源
	7—9 个月	**味、嗅觉偏好：**味嗅觉发展
	10—12 个月	**触觉识别：**不同材质的感受
第二节 知觉发展的 观察与评估	13—18 个月	**色彩知觉：**13—15 个月幼儿红、蓝两色的实物指认和匹配 16—18 个月幼儿红、黄、蓝三色卡片指认
	19—24 个月	**空间知觉：**追逐皮球
	25—30 个月	**声强辨别：**雨声和雷声的区别
	31—36 个月	**形状知觉：**镶嵌正方形、三角形、圆形和椭圆形

巩固与练习

一、简答题

1. 简述对"听觉定位"能力观察与评估要点。

2. 简析对 13—18 个月幼儿的"颜色知觉"发展能力观察与评估的注意事项。

二、案例分析

沉迷于电视的嘟嘟

由于父母工作很忙，35 个月的嘟嘟主要是由奶奶来养育。奶奶在家里忙家务，就把嘟嘟往电视机前一放。嘟嘟平时最喜欢看动画片，经常一看就是两三个小时甚至更长的时间。有一次和其他儿童一起玩耍的时候，妈妈发现同龄的儿童能认识的图形，嘟嘟并不认识，在玩送"图形宝宝回家"的游戏时常常出错。

请根据嘟嘟的情况展开分析,并制订一个观察评估计划,同时给嘟嘟的父母一些建议。

参考文献

[1] 何慧华.0—3 岁婴幼儿保育与教育[M].上海:上海交通大学出版社,2013.

[2] 周念丽.0—3 岁儿童观察与评估[M].上海:华东师范大学出版社,2013.

[3] 谢弗.发展心理学——儿童与青少年(第六版)[M].邹泓,等,译,北京:中国轻工业出版社,2005.

[4] 马丁·沃德·普拉特.奇迹般的童年——0—5 岁儿童发展与教育指南[M].张文新,译.济南:山东科学技术出版社,2007.

[5] 林淑文.0—3 岁宝宝育教完全手册[M].北京:中国轻工业出版社,2010.

[6] 多里斯·伯尔根.保教小小孩[M].庄享静,译.南京:南京师范大学出版社,2006.

第三章

0—3岁婴幼儿动作发展的观察与评估

学习目标

1. 了解不同月龄段婴幼儿动作发展的观察与评估依据。

2. 知晓不同月龄段婴幼儿动作发展的观察与评估实施过程。

3. 掌握不同月龄段婴幼儿动作发展的观察与评估结果分析与建议。

学习重点

1. 0—3岁婴幼儿动作发展的观察与评估实施。

2. 0—3岁婴幼儿动作发展的观察与评估结果分析与建议。

粗大动作
- 1—3个月婴儿　头部控制　分析与建议
- 4—6个月婴儿　坐立能力　分析与建议
- 7—9个月婴儿　爬行动作　分析与建议
- 10—12个月婴儿　下肢粗大动作　分析与建议
- 13—18个月幼儿　独立行走　分析与建议
- 19—24个月幼儿　扶物攀登　分析与建议
- 25—36个月幼儿　双脚跳　分析与建议

0—3岁婴幼儿动作发展的观察与评估

精细动作
- 4—6个月婴儿　视觉指引抓握动作　分析与建议
- 7—9个月婴儿　手指抓握动作　分析与建议
- 10—12个月婴儿　插孔动作和投物动作　分析与建议
- 13—18个月幼儿　涂鸦动作　分析与建议
- 19—24个月幼儿　生活自理动作　分析与建议
- 25—30个月幼儿　使用笔、筷动作　分析与建议
- 31—36个月幼儿　美工关联动作　分析与建议

器械操控动作
- 15—18个月幼儿　抛球　分析与建议
- 19—24个月幼儿　踢球　分析与建议
- 25—30个月幼儿　接球　分析与建议
- 31—36个月幼儿　骑车　分析与建议

动作贯穿人的发展之始终。动作发展是人能动地适应环境和社会并与之相互作用的结果,动作的发展与人的身体、智力、行为和健康发展的关系十分密切。[①] 在婴幼儿早期,动作发展一方面标志着心理发展的水平,另一方面也促进婴幼儿其他心理维度的发展。《0—3岁婴幼儿心理发展的基础知识》将动作分为无意反射动作和有意识动作,由于无意反射动作是婴幼儿与生俱来的本能,随着生长发育会逐渐消退。因此,本章主要对0—3岁婴幼儿的有意识动作进行观察与评估,具体包含粗大动作、精细动作和器械操控动作。

第一节 粗大动作发展的观察与评估

粗大动作是指由个体头部、躯干(胸部、腹部、背部)、手臂和腿完成的所有动作,包含抬头、翻身、坐、爬、蹲、站、走、跑、跳等动作。根据0—3岁婴幼儿粗大动作发展的具体表现,对0—3岁婴幼儿粗大动作的观察与评估将遵循抬头—翻身—坐—爬行—站立—行走—跳跃的基本发展规律进行。

一、1—3个月婴儿

1—3个月婴儿的活动领域非常有限,大多数情况下都躺在床上,或者被成人抱着。此阶段的婴儿很喜欢躺在床上,随着月龄的发展,婴儿在不被束缚的状态下,会逐渐掌握越来越多以及越来越协调的身体动作,如俯卧抬头、头部直立、俯卧抬胸、翻身等动作。

(一) 1—3个月婴儿头部控制能力发展的观察与评估

在身体肌肉及神经系统发育的作用下,1—3个月婴儿开始出现自主运动性动作,即自己控制下的运动,自主运动性动作从头部开始。

1—3个月婴儿"头部控制"能力发展的观察与评估分别从"依据"和"实施"两方面来进行说明和解析。

1. 观察与评估依据

本月龄段婴儿最重要的早期运动技能是头部的控制。头部活动是婴儿扩大视线范围、探索周围环境的最早途径。

---

① 格雷格·佩恩,耿培新,梁国立. 人类动作发展概论[M]. 北京:人民教育出版社,2008:12.

2. 观察与评估实施

★目的：了解1—3个月婴儿各种情况下自主抬头或头部竖直能力的发展。

★工具：婴儿喜欢的、有声响的玩具，如小摇铃或拨浪鼓等。

★条件：婴儿清醒时，喂奶1—2小时后，俯卧在柔软的床上。

★焦点：婴儿能否自主抬头或将头部竖立，观察婴儿自主抬头的时间以及头部竖立保持的时间。

★步骤：可让婴儿俯卧在柔软的床或沙发上，前臂屈曲支撑，成人在婴儿面前摇晃有声响的玩具，向上移动玩具逗引婴儿抬头，观察其反应，或成人将婴儿拉起成坐位，或竖着抱婴儿。

参见图3-1，观察婴儿能否自主抬头和保持头部竖直，同时确认保持该动作的时间。每次观察至少重复三次或以上。

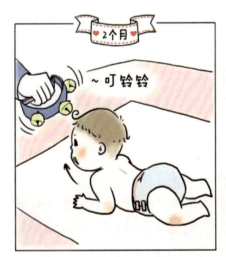

图3-1　激发1—3个月婴儿抬头和头部竖立示意图[①]

表3-1　1—3个月婴儿自主抬头能力的观察及评估表

	物体	表现	记录	
观察记录	发声玩具	俯卧时自主抬头	是	
			否	
		俯卧时自主抬头的持续时间	（秒）	

[①] 左图：大连市妇女儿童. 宝宝什么时候抬头、翻身、坐、爬、走，1—12个月宝宝大运动发展规律你知道吗？［EB/OL］.［2018-12-14］. https://m.sohu.com/a/284208613_100194413.
右图：由乔娜提供。

	物体	表现	记录	
观察记录		被成人抱着成坐位时能头部竖立	是	
			否	
		被成人抱着成坐位时头部竖立的持续时间	（秒）	
		被成人竖抱时能头部竖立	是	
			否	
		被成人竖抱时头部竖立持续时间	（秒）	
评估结果分析	若 1 个月的婴儿俯卧时能自主抬头 1—2 秒钟、2 个月左右婴儿头部可以自行竖直并保持 5 秒或以上、3 个月左右婴儿能将头自主竖直并稳定 10 秒或以上，说明婴儿头部动作发展良好；反之则值得关注。			

（二）分析与建议

此处的分析，着重于运用上述观察和评估量表后，剖析 1—3 个月婴儿在"自主抬头"能力发展方面"有待提高"或"值得关注"的原因，据此给关联成人提出一些适切的建议。

1. 分析

1—3 个月婴儿的头部控制能力发展与生理因素、心理因素和养育环境有关。头部控制能力尚不能达到 1—3 个月婴儿一般水平的原因可能有以下三点：

一是婴儿的动作发展具有个体差异性，有些婴儿头部控制能力可能发展得较晚。

二是成人不恰当的养育方式，过度保护可能使得婴儿缺乏头部动作锻炼的机会，造成婴儿头部肌肉力量不足，如长时间让婴儿躺在床上，头部、颈部没有发力。

三是由于缺钙或其他生理因素，但如果婴儿在不会抬头的同时还伴有其他异常，如癫痫、不会握持反射等，可能是神经发育问题或者脑瘫。

2. 建议

首先，保证营养充足。导致婴儿生长趋势不良较重要的原因之一是奶量不足。本月龄段提倡母乳喂养，婴儿以按需哺乳为主，每天的乳量为 600—800 毫升，定期去社区医院做系统体检，全面检测婴儿的生长发育状况。

其次，在平时可以通过环境布置以及与婴儿互动等方式，给予婴儿更多头部动作锻炼的机会。成人可以用声音或者玩具吸引婴儿的注意，如选择婴儿喜欢的、带声响的玩具在婴儿头顶上方逗引，并将玩具缓缓上下移动，吸引婴儿借助手肘支撑和上身的力量将头部抬起；还可以通过装饰婴儿的小床，在婴儿小床边的两边张贴一些图片，放置一些会发出声音的玩具,让婴儿主动转头寻找。成人平时抱婴儿时,可以用手轻扶婴儿的头部,让其靠在成人肩上,从而锻炼婴儿头颈部肌肉的力量。

下面的游戏旨在促进1—3个月婴儿头部控制能力的发展。

游戏3-1：听到响声抬抬头

游戏目的： 锻炼婴儿抬头动作。

游戏准备： 颜色鲜艳,能发出声响的玩具。

游戏内容： 婴儿趴在床上或者软垫上,两手放在胸两侧,成人在婴儿前方用颜色鲜艳,能发出声响的玩具引起婴儿的注意,并通过和婴儿说话来吸引婴儿注意,比如:"宝宝看,这是什么呀?"并缓缓地将玩具慢慢提高,吸引婴儿抬头。当婴儿有所反应的时候,成人要给予及时的鼓励和肯定,如亲亲、抱抱婴儿等。

游戏3-2：找找玩具在哪里

游戏目的： 促进婴儿头部运动能力,增强颈部肌肉的力量。

游戏准备： 能发出响声的玩具。

游戏内容： 一位成人竖抱着婴儿,两手分别支撑婴儿的颈部、腰部和臀部,另一位成人站在身后手拿玩具吸引婴儿的注意,通过移动玩具位置,促使婴儿头部适当转动。成人先在右侧摇晃玩具,等婴儿的头转到右侧,再在左侧摇晃玩具,当与婴儿面对面时,成人可逗引婴儿笑。

预警提示：

若出现以下情形,请引起高度重视,最好及时就医:满3个月抱坐时,婴儿的头部仍不能竖立。

二、4—6个月婴儿

4—6个月婴儿对躯干的控制能力逐渐发展,不仅可以在身体倾斜时仍保持头部的平衡,而且能将手臂伸直在支撑面上,借助手臂的力量托起头和胸部。能完成主动翻身,从仰卧翻至侧卧,再翻至俯卧,还表现为半身支撑动作的发展——坐。

(一) 4—6个月婴儿坐立能力发展的观察与评估

4—6个月婴儿"坐立"能力发展的观察与评估分别从"依据"和"实施"两方面来进行说明和解析。

1. 观察与评估依据

随着婴儿背部和颈部力量的增强,同时身体躯干、头部和颈部的平衡能力发育,婴儿在4个半月到5个月左右开始尝试坐,他们从依靠他人的手臂力量扶坐到6个月时大致能稳定地独立坐立,且坐的时间也更长。

2. 观察与评估实施

在此,将分别对 4—5 个月和 5—6 个月这两个月龄段婴儿的"扶坐"能力发展的观察与评估进行阐释说明。

(1)4—5 个月婴儿扶坐动作的观察与评估实施

★目的:了解 4—5 个月婴儿扶坐动作的发展情况。

★工具:床或沙发。

★条件:在室内安全柔软的地方,如床上或者沙发上。

★焦点:扶坐时,婴儿是否能头身前倾,头部稳定,腰部伸直片刻。

★步骤:成人握住婴儿的腋下,将婴儿放置到坐位后,轻轻拉着婴儿的手,观察婴儿是否能头身前倾,头部稳定,腰部伸直片刻。并将观察结果记录于表 3－2 中。

表 3－2　4—5 个月婴儿"扶坐"能力的观察及评估表

	观察次数	表现		
		头、身略微前倾	头部稳定	腰部伸直 3 秒以上
观察记录	第一次			
	第二次			
	第三次			
评估结果分析	若婴儿能在成人扶坐时,表现出头、身略略微倾,头部稳定,腰部伸直片刻,则说明婴儿坐立动作发展良好;若婴儿头身不能前倾,且无法保持头部稳定,腰部伸直片刻,则说明婴儿的坐立动作还值得关注。			

图 3－2　6 个月婴儿独坐[①]

(2)5—6 个月婴儿独坐动作的观察与评估实施

★目的:了解 5—6 个月婴儿独坐动作的发展情况。

★工具:床或沙发。

★条件:在室内安全柔软的地方,如床上或者沙发上。

★焦点:婴儿是否能独坐。

★步骤:成人将婴儿扶坐于床上或者沙发上,松开双手站在婴儿 1 米左右处进行观察。观察至少重复三次,并将观察结果记录于表 3－3 中。

———————————

① 照片由吴琼提供。

表3-3　6个月婴儿独坐动作的观察及评估表

	维度	等级1	等级2	等级3
观察记录	坐姿	不能保持坐姿	能在成人的帮助下坐立	能够独坐
	稳定性	维持坐姿5秒以下	维持坐姿5—10秒	维持坐姿10秒以上
评估结果分析	若婴儿能独坐保持5秒或以上，说明婴儿坐立动作发展良好；若婴儿不能独坐，则说明婴儿的坐立动作还值得关注。			

（二）分析与建议

此处的分析，着重于运用上述观察和评估量表后，剖析4—6个月婴儿在"坐立"能力发展方面"有待提高"或"值得注意"的原因，据此给关联成人提出一些适切的建议。

1. 分析

原因可能有以下三点：

一是婴儿的动作发展具有个体差异性。有些婴儿坐立动作的发展可能较慢，或者需要在成人的协助下才能坐，如需要后背倚靠着东西，有时往前倾，这都是正常现象。

二是由于缺钙等营养物质，婴儿的头部控制能力较弱，颈部、背部或者肩部肌肉力量较小，不足以支撑上半身，甚至难以保持上半身的稳定和平衡。

三是成人在日常生活照料中的过度保护。如长时间将婴儿抱在手中，使婴儿缺乏肌肉锻炼的机会。

2. 建议

首先，应注意保证充足的营养，开始尝试添加辅食。4—6个月婴儿正是骨骼生长迅速，同时还是开始出现乳牙的时候。因此，保证充足的钙对婴儿的生长尤为重要。

其次，应该创造充分的机会发展婴儿上半身的肌肉力量。可以通过俯卧抬头练习，多给婴儿提供趴着玩的机会。在不断地抬头张望中，婴儿的头部控制能力越来越好，同时颈部、背部、肩部和手臂肌肉都能够得到锻炼。只有这些肌肉群的不断强健，才能稳定地支撑婴儿的身体。

最后，可以为婴儿提供适宜的支持。将双手的大拇指递给婴儿，让婴儿握着，帮助婴儿拉坐；或让婴儿坐在成人的腿上，也可以利用一些工具给婴儿提供支撑，帮助他们靠坐，以及在婴儿身后放一个靠枕支撑他们撑坐，然后逐渐让婴儿独坐。

下面的游戏旨在促进4—6个月婴儿坐立能力的发展。

游戏 3 - 3：宝宝坐起来

游戏目的： 发展婴儿靠坐的能力。

游戏准备： 浴巾、枕头或靠垫。

游戏内容： 让婴儿仰躺在叠成大方块的厚实浴巾上（或者枕头、靠垫），成人坐在婴儿的脚前方，跟婴儿边说边玩，告诉婴儿"宝宝要坐起来啦，一二三"，同时握着浴巾的左右两头，轻轻拉起，将婴儿带起来，直到形成坐姿，然后再轻轻放下，如此反复数次，注意动作要缓慢、轻柔。当婴儿有更好的腰部力量时，可以去掉辅助物，直接拉起婴儿的手，让婴儿实现由躺到坐的姿势转变。

预警提示：

若出现以下情形，请引起高度重视，最好及时就医：满 6 个月时，婴儿还不能靠坐或撑坐。

三、7—9 个月婴儿

随着婴儿翻身动作的逐渐熟练和手部、腿部力量的不断增强，此月龄段婴儿开始出现自主位移动作——爬行，通过第一个身体主动位移动作来探索世界。

（一）7—9 个月婴儿爬行动作发展的观察与评估

爬行是在头部、躯干、四肢都有了一定能力基础上的一个从分离到整体的一种活动，它需要四肢的协调、视动的配合，需要具备一定的力量，如单手的支撑力量，腰部挺起的力量，还有下肢蹬的力量。随着婴儿翻身动作的逐渐熟练和手部、腿部力量不断提高，而逐步发展起来。

1. 观察与评估依据

7—9 个月婴儿的爬行动作主要表现为匍匐爬（腹地爬）和手膝爬：匍匐爬（腹地爬）是在腹部与支撑面保持接触的情况下进行爬行，手膝爬是指腹部脱离支撑面，用手和膝部爬行。

2. 观察与评估实施

★目的：了解 7—9 个月婴儿匍匐爬行和手膝爬行动作的发展情况。

★工具：婴儿喜欢的发声玩具。

★条件：在室内安全、空旷、舒适的地面，如地毯或垫子上。

★焦点：观察婴儿是否能够爬行，采用何种爬行方式，爬行方向以及爬行坚持的时间。

★步骤：婴儿俯卧在床或者地毯上，成人手拿发声玩具（如小摇铃、铃铛等）逗引婴儿，观察婴儿是否能够爬行，采用何种爬行方式，爬行方向以及爬行坚持的时间等等。同样的观察至少进行三次。同时将结果记录于表 3 - 4 中。

表 3-4　7—9 个月婴儿爬行动作的观察及评估表

	爬行方式		记录					
			第一次		第二次		第三次	坚持时间
			能	否	能	否	能	否	（秒）
观察记录	匍匐爬行	用肚子和手作为支撑点爬行						
	手膝爬行	能腹部离开地面，弯曲膝盖跪爬						
评估结果分析	若婴儿能用肚子和手作为支撑点爬行，进而能腹部离开地面，弯曲膝盖跪爬，说明他们已初步具备爬行基础——匍匐爬，甚至具备较复杂的爬行技能——手膝爬，且爬行时间如能坚持 10 秒左右或以上，说明他们爬行动作已发展得较好甚至很好；若婴儿到了 9 个月还不能匍匐爬，值得特别关注。							

（二）分析与建议

此处的分析，着重于运用上述观察和评估量表后，剖析 7—9 个月婴儿在"爬行"动作发展方面"有待提高"或"值得注意"的原因，据此给关联成人提出一些适切的建议。

1. 分析

爬行动作尚不能达到 7—9 个月婴儿一般水平的原因可能有以下四点：

一是婴儿的动作发展具有个体差异性。有些婴儿爬行动作的发展可能较慢，甚至有些婴儿会出现向后爬的现象，但这种现象在婴儿大肌肉运动进一步发展后，就会得到自动纠正。

二是由于营养缺乏或睡眠不足等原因，婴儿缺乏爬行动作所需要的能量。如颈胸部和四肢肌肉力量不足。

三是成人不适宜的照料方式，使婴儿缺乏爬行的机会。如整天让婴儿呆在婴儿床上、推车里，或者被成人背在婴儿背带里，剥夺了婴儿学习爬的机会。

四是不适宜的环境创设和材料给婴儿的爬行造成障碍。如让婴儿爬行的垫子太软、爬行的地方太硬或地毯质地太粗糙，婴儿的衣服过于厚重等等，都会降低婴儿的爬行兴趣。

2. 建议

首先，成人要为该月龄段婴儿提供充足的营养，逐渐增加辅食的种类。

其次，为婴儿爬行提供一个安全、舒适、较宽敞的空间。爬行地点可以选择在地面上，并铺上垫子或毯子。爬行时尽量选择宽松的衣服，可以穿厚一点的裤子保护婴儿膝盖，成人还可以用色彩鲜艳、有响声的玩具逗引婴儿爬行，并及时给予婴儿鼓励和奖励。注意应及时检查以保证爬行周围环境的安全和清洁，避免婴儿靠近电源插座、电线、尖锐的桌角等，并防止婴儿因误食、误触而引发危险和疾病风险。

最后，练习爬行，促进婴儿颈、胸部和四肢肌肉力量的发展。此时的婴儿爬行时一般会经历匍匐爬行和手膝爬行两个阶段，在不同阶段成人可以通过不同的练习方式促进婴儿颈、胸部和四肢肌肉力量的发展。

下面的游戏旨在促进7—9个月婴儿爬行动作的发展。

游戏 3-4：坐"大吊车"

游戏目的： 促进婴儿手膝爬行动作的发展。

游戏准备： 毛巾、玩具。

游戏内容： 婴儿俯卧，毛巾穿过婴儿腹部下方。一个成人抓起毛巾的两端，帮助婴儿的腹部离开地面，胸部稍稍高于臀部，膝盖跪于婴儿的膝盖外侧，左右协调地帮助婴儿身体慢慢向前移动；另一成人在婴儿视线前方挂一个玩具逗引婴儿向前，但注意婴儿的双手和膝盖一定能触碰到地面，以便婴儿能获得足够的感知。

游戏 3-5："钻山洞"

游戏目的： 促进婴儿爬行动作的发展。

游戏准备： 玩具。

游戏内容： 一个成人手、膝着地，拱起背部，做成山洞的样子；另一成人逗婴儿爬过成人山洞。如果婴儿喜欢，能主动爬过山洞，也可以两位成人一起做一个更长的山洞，让婴儿钻过去。

四、10—12个月婴儿

婴儿在达到坐位平衡、俯卧爬行后就开始了立位平衡的活动，从坐到站的过程是一个身体多部位、多种动作综合协调运动的结果。

（一）10—12个月婴儿下肢粗大动作的观察与评估

本月龄段婴儿粗大动作发展主要表现为"蹲—站"动作越来越灵活，能同时用手臂和大腿保持身体的平衡，婴儿对行动自由的渴望也越来越强烈，出现"扶物行走"动作。

1. 观察与评估依据

本月龄段婴儿能在扶物站立的基础上完成弯腰、下蹲、扶物行走等动作。婴儿可以借助物体（如家具、成人的手等）试着从坐位站起来，保持身体的直立，还能掌握屈身坐下技巧，在此基础上能借助双手来扶着物体行走。

2. 观察与评估实施

在此，将对 10—12 个月婴儿的"蹲站"和"扶走"两个动作发展的观察与评估进行阐释说明。

（1）10—11 个月婴儿蹲站动作的观察与评估实施

★目的：了解 10—11 个月婴儿蹲站动作的发展情况。

★工具：婴儿喜欢的玩具。

★条件：在室内安全、宽阔的场地，靠近栏杆或者柜子处。

★焦点：观察婴儿是否能扶物弯腰下蹲捡起玩具。

★步骤：婴儿坐在床或者地面上，靠近栏杆或者柜子处，在栏杆或者柜子上放上婴儿喜爱的玩具。观察婴儿是否能在没有他人帮助的情况下，自己用手拉住栏杆或者柜子站起，直到身体完全直立，再将婴儿喜欢的玩具放置在地上，观察婴儿是否能弯腰、下蹲捡起玩具。同时，使用表 3-5 记录观察结果。

图 3-3　10 个月婴儿扶物站立 [①]

表 3-5　10—12 个月婴儿蹲—站动作的观察及评估表

	表现		记录	
观察记录	扶物站立	能独自扶物站立	是	
			否	
		站立后，身体能直立	是	
			否	
		独自扶物站立的持续时间	（秒）	
	弯腰、下蹲	能扶着物体弯腰下蹲捡起玩具	是	
			否	
评估结果分析	若 10—11 个月婴儿能扶物站立 5 秒以上，并能弯腰下蹲捡起玩具，则说明婴儿的蹲—站动作发展良好；若不能独自扶物站立，也不能弯腰下蹲，则说明婴儿的蹲—站动作还值得关注。			

（2）11—12 个月婴儿扶物行走动作的观察与评估实施

★目的：了解 11—12 个月婴儿扶物行走动作的发展情况。

---

① 图片来源：https://pic. sogou. com/d? query.

★工具：婴儿喜欢的玩具。

★条件：在室内或者户外安全、宽阔的场地，靠近栏杆或者柜子处。

★焦点：婴儿是否能扶物向前行走1—3步或以上。

★步骤：在婴儿扶物站立的姿势下，成人拿着玩具在婴儿视线前方不远处逗引，观察婴儿是否会扶着栏杆或柜子向前行走，或者在日常生活中，将婴儿放置于站立位，观察婴儿是否能抓住大人的手跟着大人行走。同时，使用表3-6记录观察结果。

图3-4　12个月婴儿扶物行走①

表3-6　10—12个月婴儿扶物行走的观察及评估表

	操作方式	记录		行走步数
观察记录	将婴儿放置在栏杆或者柜子旁边站立，观察婴儿是否能扶着栏杆或者柜子行走	是		
		否		
	将婴儿置于站立位，观察婴儿是否能抓住大人的手，跟着大人行走	是		
		否		
评估结果分析	若婴儿满12个月时，能扶物或者在大人的带领下行走3步或以上，则说明婴儿行走动作发展良好；若婴儿满12个月时，不能扶物行走，则说明婴儿的行走动作还值得关注。			

（二）分析与建议

此处的分析，着重于运用上述观察和评估量表后，剖析10—12个月婴儿在"下肢粗大动作"能力发展方面"有待提高"或"值得注意"的原因，据此给关联成人提出一些适切的建议。

1. 分析

一是婴儿的动作发展具有个体差异性。

二是营养缺乏或者体重过重，导致生长发育不良。营养缺乏会使婴儿的肌肉骨骼力量不足，体重超重也会使婴儿缺乏站立或行走的动机。

三是缺乏锻炼，错过蹲站和行走动作发展的最佳时期。成人如长期将婴儿抱在怀里或

---

① 照片由乔娜提供。

者让婴儿躺在床上，且环境中没有支撑婴儿扶着蹲站和行走的物体，或者过多、过厚的衣物的束缚，都会使婴儿的腿部肌肉缺乏有效锻炼，难以支撑蹲站和行走动作。

四是婴儿的紧张和恐惧心理。在攀扶中曾有过摔倒等不好的经验会让婴儿产生畏惧心理，成人的表情也是婴儿行动的信号，若成人过于紧张或者急切，也会使婴儿感到紧张和恐惧，不敢再尝试蹲站和行走的动作。

2. 建议

一方面，成人应注意保证为婴儿提供充足的营养，同时将婴儿体重控制在正常范围内。若婴儿体重过重，也应及时控制，避免过量喂养。

另一方面，成人应进行适宜引导，锻炼婴儿的肌肉力量和平衡性，鼓励婴儿勇敢尝试蹲站和行走动作。前期可以让婴儿扶着物体或者由成人拉着婴儿的双手站起，之后便可以开始尝试迈步。

下面的游戏旨在促进 10—12 个月婴儿下肢粗大动作的发展。

游戏 3-6：扶走取物

游戏目的： 促进婴儿扶走能力的发展。

游戏准备： 毛巾、玩具。

游戏内容： 让婴儿站在栏杆边，成人在离婴儿不远的地方挥动婴儿喜欢的玩具（也可以是食物或者图片等对婴儿来说具有吸引力的物品），鼓励婴儿扶着栏杆侧身移动。当婴儿慢慢挪步走过来后，成人要给予及时的肯定，并把吸引物给他。或者把吸引物放在栏杆边上，让婴儿自己走到后蹲下捡起来。待婴儿动作灵活一些后，可以适当增大吸引物和婴儿之间的距离，甚至鼓励婴儿一只手离开支撑物，只用另一只手扶走。

游戏 3-7：推小车

游戏目的： 锻炼婴儿扶物走的动作。

游戏准备： 玩具。

游戏内容： 成人选择与婴儿身高相匹配的、适宜高度的小椅子或是小推车。让婴儿扶住小车，另一位成人在婴儿的身后保护婴儿，成人在推车前方不远处使用吸引物来引起婴儿行走的欲望。另一位成人在保护婴儿的同时，可以帮助婴儿一起推小车，从而控制小车的速度，以免婴儿重心不稳而摔倒。当婴儿走得比较稳后，成人可以放手。

预警提示：

若出现以下情形，请引起高度重视，最好及时就医：

（1）满 10 个月时，婴儿不会保护性支撑。保护性支撑是指当成人从背后扶持婴儿腋下将其抱起，然后做快速俯冲动作时，婴儿会双手张开，向前伸臂，做出类似保护自己的动作。

（2）满 12 个月时，婴儿不会扶物站立。

五、13—18个月幼儿

13—18个月幼儿的动作以移动运动为主,粗大动作发展主要表现为能独立行走、上下楼梯。以下对13—18个月幼儿粗大动作发展的观察与评估主要关注行走动作。

(一) 13—18个月幼儿行走动作发展的观察与评估

行走是个体高度自动化的动作技能之一,属于大肢体动作发展,被称为神经发展状态的标志。行走不仅要保持身体直立,还需要将重心从一侧转移到另一侧,且保持一只或两只脚与地面接触。

1. 观察与评估依据

13—18个月幼儿的行走经历由跌跌撞撞到逐渐稳当的过程。大部分幼儿在1周岁后迈出独立行走的第一步。幼儿行走的前期可能会有以下表现:身体僵硬,行进时身体不平衡,但他们尽力想保持这种平衡,有明显的左右摇晃的动作,经过数月练习后,一般情况下18个月左右幼儿能够基本平稳行走。

2. 观察与评估实施

★目的:了解13—18个月幼儿能否独立行走。

★工具:幼儿喜欢的玩具。

★条件:在日常生活中。

图3-5 独立行走的15个月幼儿[①]

★焦点:观察幼儿是否能不借力独自向前行走。

★步骤:在室内或者户外安全宽阔的地方,成人拿着幼儿喜欢的玩具在前面逗引,观察幼儿是否能不借力独自向前行走。

表3-7 13—18个月幼儿行走动作的观察及评估表

观察频度		表现		
		尚不能独立行走	持续行走2—3步	持续行走4—5步或以上
观察记录	第一周			
	第二周			
	第三周			
	第四周			
	第n周			

---

① 照片由吴琼提供。

评估结果分析	使用该表可以持续观察 13 个月起直到 18 个月幼儿的行走动作的发展情况。在连续每周一次的观察中,首先需抓住从"否"到"是"的关键时刻。若幼儿能在不借助外力的情况下独立行走 3—5 步,说明独立行走能力很强;若幼儿 18 个月时还完全不能独立行走,值得关注。

(二) 分析与建议

此处的分析,着重于运用上述观察和评估量表后,剖析 13—18 个月幼儿在"行走动作"能力发展方面"有待提高"或"值得注意"的原因,据此给关联成人提出一些适切的建议。

1. 分析

如 18 个月幼儿还完全不会独立行走,原因可能有以下三点:

一是幼儿的发展存在个体差异性。行走属于大肢体动作发展,受生理成熟和日常经验的影响,与幼儿的基因、身体健康状况以及个人气质等内部因素都有关联。

二是幼儿体重过重或骨骼肌肉比较脆弱,骨组织不坚定,肌肉力量较差,对头部的控制能力还难以支撑身体,导致走路时难以保持平衡。

三是因成人过度保护,幼儿缺乏走路的练习机会,或在练习中成人鼓励不够,导致幼儿走路的兴趣不大。

2. 建议

首先,应保证营养的充足。

其次,创设适宜幼儿行走的室内环境,并多带幼儿到户外活动。在室内为幼儿行走预留宽阔的场地,放置可让幼儿扶走的物体,也可以带幼儿去户外行走,但要注意保证环境的安全。

最后,及时觉察与回应幼儿探索的需求,给予幼儿发展动作的机会。当幼儿可以扶站、有意识迈腿的时候,就可以开始进行行走训练。

下面的游戏旨在促进 13—18 个月幼儿行走动作的发展。

游戏 3-8:来抱抱

游戏目的: 支持幼儿学步。

游戏准备: 玩具。

游戏内容: 成人可以用小玩具引导幼儿扶着栏杆或沙发往前走,等到幼儿扶走至支撑物的边缘时,成人退至距离幼儿 1 米左右的地方蹲下,伸开双手鼓励幼儿独立走过来。也可以两个成人合作,一人扶着幼儿站立,另外一人在不远处蹲下,一边拍手一边微笑着鼓励幼儿走向成人。一旦幼儿脱离支撑物,迈开步子往前走一两步后,成人立即把幼儿抱在怀里。

游戏 3 - 9：踢皮球

游戏目的：促进幼儿独自行走能力的发展。

游戏准备：皮球。

游戏内容：成人将皮球踢到离幼儿 3 步左右的距离，然后鼓励幼儿走到皮球那里，等幼儿走到皮球处（当幼儿还不能独立行走时可以让另一个成人扶着），成人又把球踢到离幼儿 3 步左右的距离。该游戏可循环多次。

预警提示：

若出现这种情形，需高度重视，最好及时就医：已满 18 个月，幼儿不会爬也不会独自站立。

六、19—24 个月幼儿

随着四肢协调和平衡能力的发展，本月龄段的幼儿站立和行走已经基本稳健，甚至可以扶物上楼梯，以及开始会跑、双脚跳等。2 岁左右的幼儿实现了活动的自主，基本掌握大肌肉活动。下面对 19—24 个月幼儿粗大动作发展的观察与评估主要关注扶物攀登动作。

（一）19—24 个月幼儿扶物攀登动作发展的观察与评估

19—24 个月幼儿的攀登技能有所发展，能够手扶物体上楼梯。

1. 观察与评估依据

19—24 个月幼儿可以自己扶着扶手，以站立的姿势上下楼梯，而且可以攀登有一定高度的攀登架。刚开始的时候，幼儿只能上 1、2 级，熟练之后可以多上几级扶梯或台阶。

图 3 - 6　幼儿独自扶栏杆
　　　　　爬楼梯[①]

2. 观察与评估实施

★目的：了解 19—24 个月幼儿扶物攀登动作的发展情况。

★工具：幼儿喜欢的玩具。

★条件：在有楼梯或台阶的地方。

★焦点：观察幼儿能否扶物上楼梯或台阶。

★步骤：成人在楼梯上放置幼儿喜欢的玩具，摇晃玩具，鼓励幼儿上楼去取，观察幼儿是否能扶着楼梯扶手或者成人的手，上 2 级或以上台阶。

---

① 照片由吴琼提供。

表 3-8　19—24 个月幼儿扶物攀登动作的观察及评估表

| 观察记录 | 表现 | 观察频度 | 记录 | | 表现 | 观察频度 | 记录 |
			是	否			级
	能扶物上楼梯	第一周			扶物上楼梯数	第一周	
		第二周				第二周	
		第三周				第三周	
		第四周				第四周	
		第 n 周				第 n 周	
评估结果分析	使用该表可以持续观察 19 个月起直到 24 个月的幼儿。在连续每周一次的观察中，首先需抓住从"否"到"是"的重大意义时刻。同时，若幼儿能在不借助外力的情况下独立扶物攀登，乃至从 2 级登到 5 级，说明扶物攀登能力很强；若幼儿 24 个月时还完全不能扶物攀登，则值得关注。						

(二) 分析与建议

此处的分析，着重于运用上述观察和评估量表后，剖析 19—24 个月幼儿在"扶物攀登"能力发展方面"有待提高"或"值得注意"的原因，据此给关联成人提出一些适切的建议。

1. 分析

如 24 个月的幼儿尚不能扶物攀登，原因可能有以下两点：

一是幼儿的动作发展具有个体差异性。

二是缺乏营养和动作练习，导致幼儿腿部肌肉力量不足和协调平衡能力较弱。

2. 建议

一方面，应保证充足的营养。另一方面，应在日常生活中创造有利于幼儿攀登动作发展的机会。当幼儿无法独立扶物攀登时，成人可用手托住其腋下，帮助幼儿一步并一步地向上爬，并及时给予鼓励。

下面的游戏旨在促进 19—24 个月幼儿扶物攀登动作的发展。

游戏 3-10：快乐踢球捡球

游戏目的： 锻炼幼儿的腿部力量和全身协调能力。

游戏准备： 报纸、皮球等。

游戏内容： 成人将报纸揉成纸球，让幼儿用小脚踢着球前进，也可把球放在高 2、3 级的扶梯上，让幼儿扶物攀登后捡球。

游戏 3-11：我的小手小脚

游戏目的： 锻炼幼儿下肢的灵活度。

游戏准备：水彩笔、纸和双面胶。

游戏内容：幼儿把脚放在纸上，成人用水彩笔为他们勾画出脚的轮廓，然后用双面胶将小脚印轮廓贴在地面上，形状为直线，让幼儿沿着路线，踩在相应的小脚印上。

预警提示：

若出现以下情形，请引起高度重视，最好及时就医：

（1）满 24 个月时，幼儿不会独立走路。

（2）满 24 个月时，幼儿不会扶栏上楼梯或台阶。

七、25—36 个月幼儿

25—36 个月幼儿不仅学会了自由地行走，可以不需扶手或栏杆独自上楼梯，能够跨过有一定高度的障碍物，而且跑、跳等动作的运动技巧和难度也有了提高。

（一）25—36 个月幼儿双脚跳动作发展的观察与评估

25—36 个月幼儿跳跃动作的发展从双脚跳的动作开始，并从双脚原地跳跃动作逐渐发展为双脚向前跳动作。在双脚跳动作的基础上，幼儿逐渐掌握其他跳跃动作，如单脚原地跳跃、单脚向前跳等。

1. 观察与评估依据

一般而言，25—30 个月幼儿能够双脚并足在原地跳离地面，但跳得不高，31—36 个月幼儿跳跃动作的难度进一步增加，距离越来越远，主要表现为立定跳远动作的发展，可以双脚同时起跳约 20 厘米左右。

2. 观察与评估实施

★目的：了解 25—36 个月幼儿弹跳能力发展的情况。

★工具：小兔子或者小青蛙等动物头饰。

★条件：在平坦宽阔的场地。

★焦点：观察幼儿是否能双脚同时离地跳起，连续跳跃的次数以及跳跃的直线距离。

★步骤：

（1）成人和幼儿一起戴上头饰，扮演小兔子或小青蛙，成人示范双脚并拢，同时离地跳起的动作，让幼儿模仿，观察幼儿是否能双脚同时离地跳起。

（2）成人跳过 16 开白纸（20 厘米宽），鼓励幼儿照样做，观察幼儿是否能双脚同时起跳，跃过白纸。

表 3－9　25—36 个月幼儿双脚跳动作的观察及评估表

	表现	观察频度	记录		表现	观察频度	记录	表现	观察频度	记录
			是	否			次			厘米
观察记录	双脚并拢向上跳	第一周			连续跳跃次数	第一周		跳跃直线距离	第一周	
		第二周				第二周			第二周	
		第三周				第三周			第三周	
		第四周				第四周			第四周	
		第 n 周				第 n 周			第 n 周	
评估结果分析	使用该表可以持续观察 25 个月起直到 36 个月的幼儿的双脚跳动作的发展情况。在连续每周一次的观察中，首先需抓住从"否"到"是"的重大意义时刻。同时，幼儿能双脚同时离地并跳起 2 次甚至以上，能跳远 20 cm 或以上，则说明幼儿双脚跳的动作发展良好；若幼儿到 30 个月时不能双脚同时离地跳起，36 个月时不能立定跳远，则值得关注。									

（二）分析与建议

此处的分析，着重于运用上述观察和评估量表后，剖析 25—36 个月幼儿在"双脚跳动作"发展方面"有待提高"或"值得注意"的原因，据此给关联成人提出一些适切的建议。

1. 分析

双脚跳动作的发展与腿部力量、协调性和平衡性有关，双脚跳动作尚不能达到 25—36 个月幼儿一般水平的原因可能有以下三点：

一是幼儿的动作发展具有个体差异性。有些幼儿跳跃的时间较晚，粗大动作发育较慢。

二是缺乏营养和动作练习，导致幼儿双腿力量不足，动作协调性不够。

三是双下肢肌力低下等生理原因。当幼儿双下肢肌力低下时，不能很好地控制和支撑身体，从而出现不会双脚跳的现象。

2. 建议

一方面，应保证充足的营养。另一方面，应为幼儿创造练习跳跃动作的机会。可以循序渐进地在活动中锻炼幼儿双脚跳的能力，从高往低跳等，促进幼儿腿部肌肉力量的发展。

下面的游戏旨在促进 25—36 个月幼儿双脚跳动作的发展。

游戏 3－12："小青蛙"跳上荷叶

游戏目的： 锻炼幼儿的跳跃能力。

游戏准备： 呼啦圈。

游戏内容： 在平地上用呼啦圈当"荷叶"，幼儿扮演小青蛙站在起点处，依次跳到荷叶中，直到抵达终点，可根据幼儿的体力情况多次折返。成人可以通过调整放置在地上的荷叶之间的距离来增加或降低游戏的难度，在幼儿跳跃时，成人也可以用语言进行提示，如："宝宝，试试看像小青蛙一样跳"，引导幼儿双脚用力往上跳或往前跳。

第二节　精细动作发展的观察与评估

精细动作是指由小肌肉或肌肉群运动而产生的动作，主要有抓握动作和协调动作两种表现形式，协调动作又包括双手协调和手眼协调动作。根据0—3岁婴幼儿精细动作发展规律，对0—3岁婴幼儿精细动作的观察与评估将围绕视觉指引抓握、手指抓握、插孔、捏物和投物、涂鸦、堆积木、生活自理等具体动作展开。

一、4—6个月婴儿

新生儿以反射性抓握动作为主，3个月左右的婴儿才开始出现有意识的精细动作，因此对0—3岁婴幼儿精细动作发展的观察与评估从4—6个月开始。在抓握动作上，4—6个月婴儿尝试双手抓握；在协调动作上，4—5个月左右的婴儿开始出现把一个物体从一只手转到另一只手上的易手动作。除此之外，婴儿还开始形成视觉指引抓握能力，视觉指引抓握是指通过视觉指引去抓握物体的动作。下面将对4—6个月婴儿的视觉指引抓握动作进行观察与评估。

（一）4—6个月婴儿视觉指引抓握动作发展的观察与评估

本月龄段婴儿的眼、手开始初步协调，会主动用手抓物。随着不断实践，婴儿可以通过伸手和抓握这两个动作形成伸手拿东西的模式，即综合运用视觉和触觉来探索物体，形成视觉指引抓握的能力。

1. 观察与评估依据

婴儿在4个月左右，能够形成视觉指引抓握的初步能力。随着不断实践，婴儿伸手和抓住这两个动作得到协调练习，4个月大的婴儿看到物体并尝试伸手去抓时，一般可以成功抓到这个物体。

2. 观察与评估实施

对4—6个月幼儿视觉指引抓握动作的观察与评估实施

★目的：了解 4—6 个月婴儿视觉指引抓握能力的发展情况。

★工具：拨浪鼓、花铃棒等。

★条件：婴儿处于清醒状态且情绪良好时。

★焦点：婴儿是否伸手并去抓握玩具。

★步骤：婴儿仰卧在床上，或由成人抱坐，成人将花铃棒或者拨浪鼓等玩具拿到婴儿伸手可及的范围内，观察婴儿的反应。同时，将观察结果记录于表 3-10 中。

图 3-7　婴儿在抓握①

表 3-10　4—6 个月婴儿视觉指引抓握动作的观察及评估表

<table>
<tr><td rowspan="3">观察记录</td><td rowspan="3">玩具</td><td colspan="4">表　现</td></tr>
<tr><td colspan="2">伸手去抓玩具</td><td colspan="2">能抓握玩具</td></tr>
<tr><td>是</td><td>否</td><td>是</td><td>否</td></tr>
<tr><td>拨浪鼓</td><td></td><td></td><td></td><td></td></tr>
<tr><td>花铃棒</td><td></td><td></td><td></td><td></td></tr>
<tr><td>小积木</td><td></td><td></td><td></td><td></td></tr>
<tr><td>小饼干</td><td></td><td></td><td></td><td></td></tr>
<tr><td>塑料小球</td><td></td><td></td><td></td><td></td></tr>
<tr><td>小海绵</td><td></td><td></td><td></td><td></td></tr>
<tr><td>总计</td><td></td><td></td><td></td><td></td></tr>
<tr><td>评估结果分析</td><td colspan="5">若"是"的次数在 9—12 次，说明该婴儿的视觉指引抓握动作发展得非常好；若"是"的次数在 4—8 次，说明该婴儿的视觉指引抓握动作发展得较好；若"是"的次数在 0—4 次，则值得关注。</td></tr>
</table>

（二）分析与建议

此处的分析，着重于运用上述观察和评估量表后，剖析 4—6 个月婴儿在"视觉指引抓握动作"发展方面"有待提高"或"值得注意"的原因，据此给关联成人提出一些适切的建议。

1. 分析

视觉指引抓握动作尚不能达到 4—6 个月婴儿一般水平的原因可能有以下四点：

---

① 照片由吴琼提供。

一是婴儿发展具有个体差异性。

二是感知觉发育不良，如视觉和触觉发展存在问题。

三是由于营养的缺乏，婴儿手部动作力量不足。

四是成人没有给予婴儿充分的抓握物体的机会，婴儿的周围环境中缺少可以伸手抓握的物体。

2. 建议

首先，应注意婴儿感知觉的发展，尤其是视觉和触觉的发育情况。

其次，应保证营养的供给，发展婴儿的手部动作力量。

最后，应提供丰富的材料供婴儿抓握，加强婴儿抓握动作的习得。成人可以将摇铃等发声玩具放在桌上，并摇动玩具吸引婴儿的注意，鼓励婴儿伸手去抓取。

下面的游戏旨在促进 4—6 个月婴儿视觉指引抓握能力的发展。

游戏 3 - 13：哈哈抓住啦

游戏目的： 发展幼儿手眼协调的能力。

游戏准备： 容易被抓握的摇铃。

游戏内容： 将玩具放在婴儿触手可及的地方，轻轻摇晃吸引婴儿的注意，并使其能注视这些物品进而伸手去抓。如果婴儿能马上抓住，则对婴儿予以及时鼓励；如果婴儿看到却没有抓，成人可以触碰一下婴儿的小手，或者将婴儿的小手举起来去触碰物品，鼓励婴儿去抓握。

游戏 3 - 14：捏疙瘩

游戏目的： 锻炼幼儿手指的灵活性。

游戏准备： 无。

游戏内容： 成人把婴儿抱坐在腿上，使婴儿背靠成人的胸，双手扶住婴儿的双手。成人把婴儿的一只手握成拳头状，对婴儿说："宝宝宝宝捏疙瘩、捏呀捏疙瘩。"帮婴儿一一打开握拳的手指头，可反复玩数次。

预警提示：

若出现这种情形，请引起高度重视，最好及时就医：满 6 个月时，婴儿还不会伸手抓物。

二、7—9 个月婴儿

本月龄段的婴儿不仅喜欢摆弄物体，手指抓握能力也更加灵活。

（一）7—9 个月婴儿手指抓握动作发展的观察与评估

7—9 个月婴儿抓握动作的发展从全手掌的活动开始慢慢转为手指的活动。

1. 观察与评估依据

7—9个月婴儿在抓握时会将拇指与食指相对，用两手抓住物体。

2. 观察与评估实施

★目的：了解7—9个月婴儿单手抓握能力的发展情况。

★工具：便于7—9个月婴儿抓握的小积木、花生米等不同材质的物体（1厘米左右）。

★条件：婴儿处于清醒状态且情绪良好时，注意防止婴儿将这些物体放入口中。

图3-8　婴儿用拇指和食指捏起纸片[①]

★焦点：婴儿是否能用拇指和食指捏起物体。

★步骤：成人将婴儿抱坐，将小积木、花生米放在婴儿容易够到的桌面上，鼓励婴儿抓握，注意应防止婴儿将物体放入嘴里。同时，将观察结果记录于表3-11中。

表3-11　7—9个月婴儿手指抓握动作的观察及评估表

	物体	表现	记录	
			是	否
观察记录	小珠子	能用拇指和食指捏起小珠子		
	小积木	能用拇指和食指捏起小积木		
	花生米	能用拇指和食指捏起较大的花生米		
	黄豆	能用拇指和食指捏起较大的黄豆		
	玉米粒	能用拇指和食指捏起玉米粒		
评估结果分析	若婴儿能用拇指和食指捏起3—5个物体，说明他们单手抓握动作发展得很好；若婴儿能用拇指和食指捏起1—2个物体，说明他们单手抓握动作发展得较好；若婴儿到9个月时完全不能用拇指和食指捏起物体，则值得关注。			

（二）分析与建议

此处的分析，着重于运用上述观察和评估量表后，剖析7—9个月婴儿在"手指抓握动作"能力发展方面"有待提高"或"值得注意"的原因，据此给关联成人提出一些适切的建议。

---

① 照片由乔娜提供。

1. 分析

手指抓握动作尚不能达到 7—9 个月婴儿一般水平的原因可能有以下四点：

一是婴儿发展具有个体差异性。

二是缺乏营养导致婴儿的手部力量不足。

三是环境中缺少婴儿可用手部动作进行探索的物体，或者成人没有给予婴儿手指抓握动作的练习，导致婴儿手部动作的协调性较差，用手指抓取物体的准确性和灵活性较差。

四是病理上的肌无力。

2. 建议

首先，应保证营养的供给，发展婴儿的手部动作力量。

其次，创设有利于满足婴儿抓握需求的环境，给婴儿提供一些操作性玩具。如积木、插板玩具，也可以用纸盒和冰棍自制插棍玩具，还可以在日常吃饭时给婴儿提供一把勺子，鼓励婴儿自己试着握住勺子。

最后，促进婴儿手指捏、取动作的发展。成人可以示范用手指将物品捏取到盘子里，鼓励婴儿模仿，注意选择小的物品，如小饼干、小米花等，抓取的物体可以逐渐从大到小，通过反复练习，让婴儿逐渐掌握用手指配合抓取物品的技能。

下面的游戏旨在促进 7—9 个月婴儿手指抓握动作的发展。

游戏 3–15：穿过洞洞拿铃铛

游戏目的： 促进婴儿的食指分化。

游戏准备： 洞洞玩具，高度 2 厘米左右的纸盒，在纸盒上挖若干个洞，洞洞的大小为 4—5 厘米左右，以婴儿不能整只手伸进去为准。

游戏内容： 成人在每个洞洞里放一个不同颜色的铃铛，鼓励婴儿用手指把铃铛从洞洞里取出来。成人也可以在洞洞纸盒上面蒙一层保鲜膜，鼓励婴儿用手去抠，用食指把保鲜膜抠破。

游戏 3–16：玩具敲敲乐

游戏目的： 促进婴儿双手握物对敲能力的发展。

游戏准备： 两个勺子（或是塑料玩具、沙锤等容易发出声音的安全易握物品）。

游戏内容： 成人在婴儿面前拿物体对击，引发婴儿的兴趣，并鼓励婴儿自己双手拿住物体来进行对击。成人可以更换不同材质的物体以便发出不同声音，和婴儿一起敲打。

预警提示：

若出现以下情形，请引起高度重视最好及时就医：

（1）满 9 个月时，婴儿双手之间还不会传递玩具；

（2）满 9 个月时，还不能用拇指和食指捏取东西。

三、10—12个月婴儿

本月龄段婴儿精细动作的发展主要表现为钳形抓握动作已趋于准确（能将拇指和其他手指对握）。在手的协调动作上，这个年龄段的婴儿不仅能协调两手的动作，比如一只手拿碗，一只手拿勺子。同时，手眼协调动作也更加准确和灵活，可以完成插孔和投物动作。

（一）10—12个月婴儿"插孔、投物"动作发展的观察与评估

随着注意的发展，10—12个月婴儿的手眼协调能力得到提高。手眼协调是指人在视觉配合下手的精细动作的协调性。

1. 观察与评估依据

本月龄段婴儿手眼协调动作更加准确和灵活，能够完成插孔动作和投物动作。12个月左右的婴儿能够抓住铃铛的柄或勺子的末梢，还能将物体从包装得很严实的地方拿出来，如打开包糖果的纸。另外，婴儿能够模仿成人学着捡起玩具，并放进玩具盒里。下面将对10—12个月婴儿的"插孔动作"、"投物动作"进行观察与评估。

2. 观察与评估实施

在此，将对10—12个月龄段婴儿的"插孔动作"和"投物动作"的观察与评估进行阐释说明。

（1）10—12个月婴儿插孔动作的观察与评估实施

★目的：了解10—12个月婴儿插孔动作的发展情况。

★工具：有许多洞的小钉板。

★条件：婴儿处于清醒状态且情绪良好时，注意保证材料的安全性，且孔的大小应该大于幼儿手指的大小，避免对幼儿手指造成伤害。

★焦点：婴儿是否能模仿成人将手指插到孔中。

★步骤：在婴儿面前的桌子上放一个有许多洞的小钉板，成人示范将手指插到孔中，观察婴儿是否能模仿成人，将手指插到孔中。同时，使用表3-12进行反复多次的观察记录。

表3-12　10—12个月婴儿模仿插孔动作的观察及评估表

观察记录	表现	次数	记录	
	能模仿成人将手指插到孔中	第一次	是	否
		第二次	是	否
		第三次	是	否

评估结果分析	若婴儿3次都能模仿成人将手指插到孔中,说明婴儿插孔动作发展得很好;若婴儿能有1—2次成功模仿成人将手指插到孔中,说明婴儿插孔动作发展得较好;若婴儿到12个月时,尚不能模仿成人将手指插到孔中,则值得关注。

(2) 10—12个月婴儿"投物动作"的观察与评估实施

★目的:了解10—12个月婴儿"投物动作"的发展情况。

★工具:小饼干、小积木或花生米,广口瓶(30毫升)。

★条件:婴儿处于清醒状态且情绪良好时。

★焦点:婴儿是否能将小物品投放到广口瓶中。

★步骤:将婴儿抱坐,成人将小物品放入广口瓶中,鼓励婴儿模仿,如婴儿已学会,则观察婴儿能否自主捏住小物品往瓶内投放。同时,将观察结果记录于表3-13中。

表3-13 10—12个月婴儿"投物动作"的观察及评估表

	物体	表现		
		不能模仿成人将小物品投放到广口瓶中	能模仿成人将小物品投放到广口瓶中	能自主将小物品投放到广口瓶中
观察记录	小积木			
	小饼干			
	花生米			
	葡萄干			
	玉米粒			
评估结果分析	若婴儿能自主地将3—5个物体放入广口瓶中,说明该婴儿的投物动作发展得很好且很享受投物过程;若婴儿虽然不能自主地将3—5个物体放入广口瓶中,但可以模仿成人动作,说明该婴儿的投物动作发展得较好且有一定的自主性;若婴儿能自主地将1—2个物体放入广口瓶中,说明该婴儿的投物动作发展得较好,但自主性不够;若婴儿能模仿成人将1—2个物体放入广口瓶中,说明该婴儿的投物动作发展得尚可,但积极性不够;若到12个月时婴儿全然不能模仿着捏住小物品投放到广口瓶中,则值得关注。			

(二) 分析与建议

此处的分析,着重于运用上述观察和评估量表后,剖析10—12个月婴儿在"插孔、投物"动作发展方面"有待提高"或"值得注意"的原因,据此给关联成人提出一些适切的建议。

1. 分析

一是婴儿发展具有个体差异性。

二是由于缺乏手部探索动作的机会,婴儿还无法掌握不同物品之间以及物品与动作之间的关系,导致手部探索的愿望不强,手的控制能力较弱。

2. 建议

一方面,应引导婴儿自主掌握不同物品之间及物品与自身动作之间的关系,激发婴儿的探索兴趣。

另一方面,通过拿捏、抠挖和投物等动作促进婴儿的手的控制能力。例如,可以让婴儿将手中的物品投入到容器中,投物的任务可以根据婴儿的发展水平由易到难,投物的容器可以从碗、杯子到广口瓶,甚至是更小的瓶子,给予婴儿更多的成功体验。

下面的游戏旨在促进10—12个月婴儿手眼协调动作的发展。

游戏3-17：剥纸包

游戏目的： 锻炼婴儿手指的灵活度。

游戏准备： 积木、卫生纸。

游戏内容： 当着婴儿的面,用一张纸把积木包起来递给婴儿,引导婴儿拿起纸包看一看,用手指在纸包周围捏、抠,将纸缝挑开,再用手剥,将积木取出来。

游戏3-18：帮饼干宝宝搬家

游戏目的： 发展婴儿的投物动作。

游戏准备： 饼干、盒子。

游戏内容： 成人用食指和拇指拿起饼干放进另一个盒子里,引导婴儿用相同的方法将饼干一个一个地放到另一个盒子里。

预警提示：

若出现以下情形,请引起高度重视,最好及时就医：满12个月时,婴儿还不会用拇指、食指对捏小物品。

四、13—18个月幼儿

本月龄段幼儿手的抓握动作更加精准,五指继续分化,会三指抓握和二指捏,在抓握能力发展的基础上,手眼协调动作快速发展。对13—18个月幼儿精细动作发展的观察与评估主要关注涂鸦动作。

(一) 13—18个月幼儿涂鸦动作发展的观察与评估

本月龄段幼儿手腕和手指的动作比较灵活。

13—18个月幼儿"乱笔涂鸦"动作发展的观察与评估分别从"依据"和"实施"两方面来进行说明和解析。

1. 观察与评估依据

本月龄段幼儿开始能够用整个手掌握住笔进行涂鸦,到14、15个月左右时他们可以用笔在纸张上随意乱画,属于乱笔涂鸦阶段。

2. 观察与评估实施

★目的:了解13—18个月幼儿涂鸦动作的发展情况(此项评估也可延续到给19—24个月的幼儿进行评估)。

★工具:水彩笔、蜡笔、蜡质油画棒,白纸。

★条件:摆放适宜幼儿高度的桌椅,幼儿处于清醒状态且情绪良好时,坐在椅子上。

★焦点:观察幼儿使用不同材质画笔的涂鸦表现及持续时间。

★步骤:成人为幼儿提供不同材质的笔,如水彩笔、蜡笔、蜡质油画棒等,让幼儿在纸上涂鸦。同时,将观察结果记录于表3-14中。

表3-14 13—18个月幼儿涂鸦动作的观察及评估表

观察记录	物体	涂鸦表现						持续时间	
		无力握笔	用力握笔	无力挥动手臂	用力挥动手臂	线条杂乱无力	线条杂乱但有力	10秒以内	10秒以上
	水彩笔								
	蜡笔								
	蜡质油画棒								
评估结果分析	若幼儿能用3种画笔,用力抓握和挥动手臂并留下有力的线条,且时间能持续10秒以上,说明该幼儿的精细动作和手臂控制均发展得非常好;若幼儿能用1—2种画笔,用力抓握,但挥动手臂不大,并留下线条不够有力,且时间只能持续10秒左右,说明该幼儿的精细动作和手臂控制尚可;若幼儿到了18个月,任何种类画笔均无力抓握,手臂也无力挥动且持续时间在10秒以下,则值得关注。								

(二)分析与建议

此处的分析,着重于运用上述观察和评估量表后,剖析13—18个月幼儿在"乱笔涂鸦"能力发展方面"有待提高"或"值得注意"的原因,据此给关联成人提出一些适切的建议。

1. 分析

涂鸦动作的完成需要幼儿手臂力量的控制能力。尚不能达到13—18个月幼儿涂鸦动作一般水平的原因可能有以下两点：

一是幼儿发展具有个体差异性。

二是由于缺乏手部动作的练习，以及手部动作的探索环境和材料，导致幼儿对手臂力量的控制能力还比较弱。

2. 建议

一方面，应为幼儿提供丰富的绘画材料，鼓励幼儿进行各种各样的涂鸦活动。如材质不同的画笔和白纸，尝试用活海绵棒蘸水彩颜料在大纸上涂涂画画，让幼儿在自由创作的同时，从玩色中感受色彩、形象，体验涂鸦的乐趣和成就感。

另一方面，进行手部动作练习。引导幼儿通过手的动作进行抓、捏、拿、敲、扔等，不仅可以增强幼儿的手部力量，还能提升幼儿的手眼协调能力。

下面的游戏旨在促进13—18个月幼儿涂鸦动作的发展。

游戏 3－19：喂小动物

游戏目的： 促进幼儿精细动作的发展。

游戏准备： 三个分别贴有猫、狗、兔小动物图片的马克杯或塑料杯，小鱼、肉骨头、胡萝卜的小玩具模型。

游戏内容： 在幼儿面前放贴有猫、狗、兔三个小动物图片的杯子，以及它们爱吃的小鱼、肉骨头和胡萝卜的小玩具模型，给幼儿介绍小动物和它们喜欢的食物之后，让幼儿按照成人的语言提示将食物喂到小动物的嘴里。

游戏 3－20：我会画画了

游戏目的： 发展幼儿的握笔能力。

游戏准备： 画纸、各种颜色的画笔(如蜡笔、彩笔等)。

游戏内容： 成人可以准备一个高度合适的画板，或是在墙面上贴上纸，并提供几支鲜艳、颜色区别明显的蜡笔，比如红、黄、蓝、绿，鼓励幼儿自己去拿笔涂鸦。在整个过程中，成人要密切关注幼儿的行为，及时给予肯定与表扬。

五、19—24个月幼儿

本月龄段的幼儿精细动作的发展主要表现为手眼协调动作的进一步发展。

（一）19—24个月幼儿日常精细动作发展的观察与评估

18个月以后，幼儿的双手开始协调，可以做一些日常生活中的精细动作。

1. 观察与评估依据

19—24个月幼儿的涂鸦的动作能力进一步提升,体现生活自理能力的动作技能也得到发展,逐渐学会拧瓶盖、串珠、使用勺子吃饭,在成人的帮助下穿袜子、穿鞋子等。下面将对19—24个月幼儿的日常精细动作的发展情况进行观察与评估。

2. 观察与评估实施

★目的:了解19—24个月幼儿日常精细动作的发展情况。

★工具:不同材料的瓶子或杯子(如矿泉水瓶、奶瓶、塑料水杯等)、大孔珠子若干颗、细绳一根、幼儿的衣物鞋袜。

★条件:幼儿处于清醒状态且情绪良好时,方便活动的地方。

★焦点:在日常生活中观察幼儿以下四种生活自理动作(拧瓶盖、串珠子、用勺子吃饭、穿鞋子或袜子)的完成情况。

★步骤:在日常生活中,观察幼儿的生活自理动作,并将观察结果记录于表3-15中。

(1)拧瓶盖:在矿泉水瓶子里装一些小铃铛、小珠子等东西,摇晃瓶子以吸引幼儿注意,成人示范用手拧开瓶盖,然后将瓶盖拧上,但不要拧太紧,把瓶子递给幼儿,观察幼儿能否拧开瓶盖。

(2)串珠:成人一手拿着绳子,一手拿着一颗珠子,示范将珠子穿进绳中,观察幼儿是否能模仿串珠的动作,并成功穿进2—4颗大孔珠。

(3)使用勺子吃饭:观察幼儿在日常生活中是否能独立使用勺子吃饭。

(4)穿鞋子、袜子:观察幼儿在日常生活中是否能在成人的帮助下穿鞋子、袜子。

表3-15 19—24个月幼儿生活精细动作的观察及评估表

	观察次数	生活精细动作			
		拧瓶盖	串珠	使用勺子吃饭	穿鞋子、袜子
观察记录	第一次				
	第二次				
	第三次				
评估结果分析	若幼儿满24个月时,在日常生活中能完成上述2—3种及以上生活精细动作,则说明幼儿的生活精细动作发展良好;若幼儿满24个月时,不能完成上述任何动作,则说明幼儿的生活精细动作值得关注。				

(二)分析与建议

此处的分析,着重于运用上述观察和评估量表后,剖析19—24个月幼儿在"生活精细动作"发展方面"有待提高"或"值得注意"的原因,据此给关联成人提出一些适切的建议。

1. 分析

原因可能有以下三点：

一是幼儿发展具有个体差异性。

二是缺乏拧、串、抓握等动作练习，幼儿还没有掌握正确的手部动作的方法。

三是手部肌肉力量不足，成人没有给予幼儿充分、适宜的机会进行手部动作的探索。

2. 建议

成人可以示范正确的手部动作的方法，指导并协助幼儿完成。日常生活中可以提前将瓶盖拧松一些，帮助幼儿获得更多的成功体验。值得注意的是，提供给幼儿操作的瓶子应是洁净的空瓶，不得装有药丸、液体等，以防幼儿拧开瓶盖后误食瓶中的药物或是造成液体的滴洒。还可以尝试小孔串珠，鼓励幼儿将一连串的珠子按照喜欢的顺序串好；带领幼儿做手工作品，尝试使用卷纸、折纸、剪纸等技能，为之后使用工具做准备；让幼儿尝试拧开门把手等，进一步发展幼儿的手腕力量等。此外，每日进餐和穿衣时，成人不应习惯于将食物直接送入幼儿口中，或是包办代替直接为幼儿穿上衣物，而是可以在进餐时为幼儿提供儿童勺子、叉子等餐具，选择便于幼儿握住的较小的碗来盛放食物，进行舀食物的动作示范，然后让幼儿自己尝试舀的动作，同时指导并协助幼儿穿衣服、鞋子、袜子等。

下面的游戏旨在促进19—24个月幼儿生活精细动作的发展。

游戏 3－21：串珠子

游戏目的： 发展幼儿的手眼协调性及手指的灵活性。

游戏准备： 色彩鲜艳、孔径为一厘米左右的木珠，绳子，长短不一的棍子，约1—5厘米长。

游戏内容： 一开始可以让幼儿用珠子插到图3-9中的四根棍子里，之后成人可以准备绳子，给幼儿示范如何把木珠用绳子串联起来，然后可以给幼儿一根绳子，让其和成人一起把珠子串起来。

图3-9　串珠玩具[①]

游戏 3－22：拧开各种各样的瓶盖

游戏目的： 发展幼儿拧瓶盖的动作。

游戏准备： 高低、宽窄不同的瓶子。

游戏内容： 准备各种各样的瓶子，如宽口的瓶子、窄口的瓶子、高的瓶子、矮的瓶子。瓶盖可以先松开，等幼儿可以自己拧开瓶盖后，先把瓶盖拧紧，再让幼儿拧开瓶盖，注意避免使用玻璃瓶。

---

① 照片由吕欢欢提供。

六、25—30个月幼儿

本月龄段幼儿精细动作的发展表现为手眼协调动作得到精准发展，手的动作更加灵活。

（一）25—30个月幼儿使用笔、筷等能力发展的观察与评估

25—30个月幼儿掌握的手眼协调动作越来越多，表现为垒高积木、指尖握笔动作的初步发展，以及生活精细动作的进一步发展。

1. 观察与评估依据

本月龄段幼儿能够拼搭各种形状的积木，用指尖握笔涂鸦，且手部动作发展较好的幼儿已开始使用筷子。

2. 观察与评估实施

图3-10 儿童辅助筷[1]

★目的：了解25—30个月幼儿使用笔、筷等动作的发展情况。

★工具：积木、画笔、筷子等。

★条件：幼儿处于清醒状态且情绪良好时，方便活动的地方。

★焦点：在日常生活中观察幼儿以下三种手眼协调动作（垒高积木、握笔、使用筷子）的完成情况。

★步骤：

（1）垒高积木动作：给幼儿提供相应的游戏材料，观察幼儿是否能用积木垒高。

（2）握笔动作：观察幼儿是否能用三指握笔。

（3）使用筷子动作：给幼儿儿童辅助筷和普通筷子，观察幼儿是否能用辅助筷或普通筷子夹起小物品放入盘中。

将观察结果记录于表3-16中。

表3-16 25—30个月幼儿使用笔、筷等动作的观察及评估表

	手眼协调动作表现	记 录	
观察记录	堆积木动作	用2—3块积木垒高	用4—6块积木垒高
	握笔动作	五指握笔	三指握笔
	使用筷子动作	会用儿童辅助筷子	可自己用筷子

---

① 照片由吕欢欢提供。

评估结果分析	若幼儿能用4—6块积木垒高,会用三指握笔,还可以使用普通筷子夹菜,说明手眼协调动作发展得很好;若幼儿能用2—3块积木垒高,会用五指握笔,会使用儿童辅助筷子夹菜,则说明幼儿手眼协调动作发展得尚可;若幼儿满30个月时,不能完成任何上述手眼协调动作,则值得关注。

(二) 分析与建议

此处的分析,着重于运用上述观察和评估量表后,剖析25—30个月幼儿在"使用笔、筷"能力发展方面"有待提高"或"值得注意"的原因,据此给关联成人提出一些适切的建议。

1. 分析

原因可能有以下三点:

一是幼儿发展具有个体差异性。

二是缺乏手部动作练习机会。

三是没有丰富的手部操作材料吸引幼儿,无法激发他们用手部探索物体的兴趣。

2. 建议

一方面,提供丰富的手部操作材料,激发幼儿进行手部探索动作的兴趣。如积木、拼图等玩具材料,还可以提供橡皮泥、黏土、超轻土等多种泥塑材料,为幼儿展示提前制作的作品,激发幼儿对材料的兴趣。

另一方面,在日常生活中,应给予幼儿更多自己动手做力所能及的事情的机会,而不是包办一切。如给幼儿提供夹子协助成人晾衣服,尝试双手配合使用扫帚、簸箕等工具,独立用汤匙吃饭,自己穿脱衣服和袜子。

下面的游戏旨在促进25—30个月幼儿使用笔、筷子等能力的发展。

游戏 3‑23:小鱼吐泡泡

游戏目的: 幼儿能使用较粗的画笔画圆。

游戏准备: 马克笔、画纸、瓶盖、颜料。

游戏内容: 成人可以准备一张画有一条小鱼的画纸,把瓶盖蘸上颜料盖在画纸上,指着画面上的圆圈告诉幼儿:"宝宝,这个圆圈是小鱼吐出来的泡泡。"然后,和幼儿一起观察这个泡泡是什么样的,是一根长长的线把自己的头和尾巴连在一起了。接着,成人可以鼓励幼儿尝试自己给小鱼多画一些泡泡。

游戏 3‑24:快乐夹夹夹

游戏目的: 锻炼幼儿听指令的能力和手眼协调能力。

游戏准备: 三个大容器、大夹子,与容器颜色匹配的三种蔬果,如红枣、小金桔、青苹果等。

游戏内容： 引导幼儿将不同颜色的水果和蔬菜分别夹到相对应颜色的容器中，数次循环。

七、31—36 个月幼儿

本月龄段幼儿精细动作的发展表现为与美工相关动作的发展。

（一）31—36 个月幼儿与美工相关动作的观察与评估

31—36 个月幼儿的手指控制能力进一步提升，开始有目的地操纵物体。

1. 观察与评估依据

本月龄段幼儿能够有目的地使用剪刀，逐渐掌握正确的握笔姿势，可以画出指定图形，如十字形、正方形、多边形等，能用积木拼搭出生活中的物品，如小房子和小汽车，开始能在成人的示范和指导下学会折纸。

2. 观察与评估实施

★目的：了解 31—36 个月幼儿与美工相关动作的发展情况。

★工具：若干张白纸、彩纸、画笔、儿童塑料剪刀、若干积木等。

★条件：幼儿处于清醒状态且情绪良好时，方便活动的地方。

★焦点：在日常生活中观察幼儿以下四种手眼协调动作（绘画、使用剪刀、积木拼搭、折纸）的完成情况。

★步骤：

（1）绘画动作：让幼儿画出十字形、正方形、多边形等。

（2）使用剪刀动作：提供彩纸和儿童塑料剪刀，让幼儿沿直线剪长方形。

（3）积木拼搭动作：在成人的示范下，观察幼儿是否能搭高 6—10 块积木，或者用积木搭出比较形象的物体，如用 10 块积木搭房子等。

（4）折纸动作：成人提供正方形的彩纸，示范如何对折出正方形、长方形和三角形，观察幼儿能否完成三种图形的折叠，记录幼儿能够折叠出的图形数量。

同时，将观察结果记录于表 3 - 17 中。

表 3 - 17　31—36 个月幼儿与美工关联动作的观察及评估表

	手眼协调动作表现	记　　录		
观察记录	绘画动作	画十字形	能画正方形	能画多边形
	折纸动作	折出正方形	折出长方形	折出三角形

观察记录	手眼协调动作表现	记 录		
	使用剪刀动作	不能拿、握	需在成人的帮助下使用	能自己使用
	积木拼搭动作	垒高 6—8 块	垒高 8—10 块	垒高 10 块以上
评估结果分析	若幼儿在绘画和折纸项目中，能完成 4—6 项，自己可以使用剪刀，垒高积木 10 块以上，说明手眼协调能力很强；若幼儿在绘画和折纸项目中，能完成 2—3 项，在成人的帮助下可以使用剪刀，垒高积木 8—10 块，说明手眼协调能力较强；若满 36 个月，幼儿不能完成任何上述手眼协调动作，则亟需关注。			

（二）分析与建议

此处的分析，着重于运用上述观察和评估量表后，剖析 31—36 个月婴儿在"美工关联"动作发展方面"有待提高"或"值得注意"的原因，据此给关联成人提出一些适切的建议。

1. 分析

原因可能有以下三点：

一是幼儿发展具有个体差异性。

二是缺乏绘画、折纸、使用剪刀、拼搭积木等手眼协调动作的具体指导，幼儿没有掌握正确的操作方法和步骤。

三是缺乏相关的手部精细动作练习，幼儿手指的灵活性和协调性较弱。

2. 建议

一方面，成人可以激发幼儿练习手部动作的兴趣，指导幼儿尝试翻阅、绘画、涂色、折纸、使用剪刀、夹取等动作。动作难度由易到难，如鼓励幼儿使用剪刀从剪直线开始，然后鼓励幼儿减弧线和圆形，注意应尽量使用塑料剪刀，并保证成人在场。

另一方面，在日常生活中，应该为幼儿提供丰富的手部操作材料，给予幼儿使用画笔、剪刀、筷子等操作手指动作的机会。

下面的游戏旨在促进 31—36 个月幼儿与美工关联动作的发展。

游戏 3‑25：我帮娃娃扣纽扣

游戏目的： 锻炼幼儿的手部精细动作，练习双手拇指、食指间的协调性及灵活性。

游戏准备： 洋娃娃的衣服、纽扣。

游戏内容： 成人拿出一个洋娃娃，和幼儿说："我们来给娃娃穿衣服，要帮她把扣子系好哦！"针对能力较弱的幼儿，成人可以给幼儿做一些扣纽扣的示范，使幼儿了解如何给娃娃扣纽扣，并且可以采用念儿歌的方式帮助幼儿掌握扣纽扣的方法，如"小纽扣，圆溜溜，好像眼睛找朋友,小洞洞,忙招手,欢迎纽扣钻洞口"。针对能力较强的幼儿,成人可以提供不同大小和形状的纽扣帮助幼儿练习扣纽扣的技巧。

游戏 3 - 26:树叶贴画

游戏目的: 锻炼幼儿的手眼协调能力。

游戏准备: 树叶、固体胶。

游戏内容: 成人带幼儿认识大自然中不同的树叶,捡落叶,将树叶用固体胶拼贴在纸上。

第三节 器械操控动作发展的观察与评估

器械操控技能是利用器械操控物体的运动技能。根据婴幼儿器械操控动作的发展规律,器械操控动作始于 15 个月左右,因此本节的观察与评估将从 15 个月幼儿的两大类运动——球类和车类进行。

一、15—18 个月幼儿

此月龄段幼儿器械操控动作的发展主要表现为球类运动,可供幼儿使用的球有很多,如各种大小的塑料球、橡皮球、布球、木制球、乒乓球、气球等,利用这些球,幼儿可以进行抛、滚、拍、踢、吹、托、顶等各种形式的身体运动。

(一) 15—18 个月幼儿抛球动作的观察与评估

本月龄段幼儿在成人的指导下通常可以举手过肩将球扔出去。在抛球过程中,幼儿的平衡能力和动作协调能力均能得到发展。

1. 观察与评估依据

15 个月之后的幼儿在成人的指导下,可以举手过肩将球抛出去。

2. 观察与评估实施

★目的:了解 15—18 个月幼儿的抛球动作的发展情况。

★工具:皮球。

★条件:幼儿处于清醒状态且情绪良好时,开阔的室内或户外空间。

★焦点:幼儿是否能举手过肩抛球。

★步骤:成人示范双手举起,屈肘过肩抛球,鼓励幼儿模仿,观察幼儿是否能举手过肩抛球。同时,使用表 3-18 进行反复多次的观察记录。

表 3-18　15—18 个月幼儿抛球动作的观察及评估表

	物体	表　现	记　　录		
观察记录	皮球	能举手过肩抛球	第一次	是	
				否	
			第二次	是	
				否	
			第三次	是	
				否	
			第 n 次成功	月龄:	
评估结果分析	若幼儿能在前三次就举手过肩抛球,说明幼儿抛球动作已发展得很好;若经过 n 次的练习能举手过肩抛球,说明幼儿抛球动作发展得较好;若幼儿满 18 个月时,尚不能举手过肩抛球,则值得关注。				

(二) 分析与建议

此处的分析,着重于运用上述观察和评估量表后,剖析 15—18 个月婴儿在"抛球动作"发展方面"有待提高"或"值得注意"的原因,据此给关联成人提出一些适切的建议。

1. 分析

双手抛球动作对身体动作的准确性和灵敏性要求较高,与幼儿双臂的肌肉力量、手腕关节的灵活性密切相关。抛球动作尚不能达到 15—18 个月幼儿一般水平的原因可能有以下两点:

一是幼儿的动作发展具有个体差异性。

二是缺乏抛球动作的指导和练习,幼儿还没有掌握抛球动作的基本要领,双臂的肌肉力量和手腕关节的灵活性不足以支持幼儿进行抛球动作。

2. 建议

一方面,引导幼儿掌握正确的抛球动作要领。幼儿双手抛球动作的基本要领是两手在胸前托住球,用摆臂、抖腕的力量将球向前上方抛出,两臂的用力要均匀。成人可提供球类材料,带领幼儿在室内或者室外进行抛球动作的尝试。

另一方面,待幼儿掌握抛球动作的要领后,应丰富抛球动作的活动形式,带领幼儿尝试不同形式的球类运动。

下面的游戏旨在促进15—18个月幼儿抛球动作的发展。

游戏 3 - 27：抛球

游戏目的： 促进幼儿的平衡和动作协调能力。

游戏准备： 彩色小皮球。

游戏内容： 给幼儿一个玩的球，教他举手过肩用力将球抛出，反复练习，直至能向前方抛球。

游戏 3 - 28：掷球

游戏目的： 锻炼幼儿向不同方向掷球的动作。

游戏准备： 乒乓球。

游戏内容： 两位成人各站一边，让幼儿随意地将乒乓球掷向某位成人，其中一位成人也可用语言吸引幼儿注意："宝宝，把球扔给我。"，幼儿学习向两个方向掷球。

二、19—24 个月幼儿

19—24 个月幼儿器械操控动作的发展依然以球类运动为主，此月龄段的大部分幼儿可以完成踢球动作。

（一）19—24 个月幼儿踢球动作的观察与评估

19—24 个月幼儿"踢球动作"发展的观察与评估将分别从"依据"和"实施"两方面来进行说明和解析。

1. 观察与评估依据

踢球运动能增强幼儿腿部的肌肉耐力和力量，提高下肢关节的柔韧性和灵活性，19—24个月幼儿能站着将静止的球轻轻踢向前方不远处。

图 3 - 11　踢球的幼儿[①]

2. 观察与评估实施

★**目的：** 了解 19—24 个月幼儿踢球动作的发展情况。

★**工具：** 皮球或足球等。

★**条件：** 幼儿处于清醒状态下，且情绪良好时，开阔的室内或户外空间。

★**焦点：** 幼儿是否能站着将静止的球踢向前方。

★**步骤：** 成人示范，站着将球轻轻踢向前方，将球放在幼儿前方，鼓励幼儿尝试用脚踢球，观察幼儿是否能站着将静止的球轻轻踢向前方不远处。同时，使用表 3 - 19 进行反复多次的观察记录。

---

① 照片由吴琼提供。

表 3-19　19—24 个月幼儿踢球动作的观察及评估表

	物体	表现	次数	记录	
观察记录	皮球	站着将静止的球踢向前方	第一次	是	
				否	
			第二次	是	
				否	
			第三次	是	
				否	
			第 n 次成功	月龄：	
评估结果分析	若幼儿能在前三次就站着将静止的球踢向前方，说明幼儿的踢球动作已发展得很好；若幼儿经过 n 次的练习能将静止的球踢向前方，说明幼儿的踢球动作发展得较好；若幼儿满 24 个月时，尚不能将静止的球踢向前方，则值得关注。				

（二）分析与建议

此处的分析，着重于运用上述观察和评估量表后，剖析 19—24 个月幼儿在"踢球动作"发展方面"有待提高"或"值得注意"的原因，据此给关联成人提出一些适切的建议。

1. 分析

原因可能有以下两点：

一是幼儿的动作发展具有个体差异性。

二是缺乏踢球动作的练习和指导，幼儿用脚控制球的能力还比较弱。

2. 建议

一方面，可以帮助幼儿学习和练习使用脚来控制球的简单技能，必要时可扶着幼儿或者为幼儿提供其他支撑物，让幼儿尝试用脚来控制球，逐渐增加难度，变换玩法。注意为幼儿提供的球应该是比较柔软的，球的大小、软硬应该便于幼儿用脚踢，不至于伤害脚。

另一方面，成人可以设置游戏情境，采用丰富的游戏形式，激发幼儿对踢球运动的兴趣。下面的游戏旨在促进 19—24 个月幼儿踢球动作的发展。

游戏 3-29：踢球比赛

游戏目的： 发展幼儿的肌肉动作和控制方向的能力。

游戏准备： 皮球、橡胶球、儿童小足球等。

游戏内容： 用一把椅子做球门，放在空地上，准备一个皮球，成人引导幼儿来踢球，看谁踢进球门的次数多。

游戏 3 - 30：球钻山洞

游戏目的： 促进幼儿的大肌肉运动。

游戏准备： 皮球、橡胶球、儿童小足球等。

游戏内容： 成人先双手双脚分开，撑在地上，头向前，让幼儿把皮球从空档中滚过去，或幼儿双脚分开成人来滚球。

三、25—30 个月幼儿

25—30 个月幼儿器械操控动作的发展依然以球类运动为主。

（一）25—30 个月幼儿接球动作的观察与评估

本月龄段幼儿不仅能够完成向上抛球的动作，用手托住球等物品向高处抛起，还能接住从地面滚来的小球。

1. 观察与评估依据

25—30 个月幼儿通常能接住从地面滚来或者抛来的小球。

2. 观察与评估实施

★目的：了解 25—30 个月幼儿接球动作的发展情况。

★工具：皮球。

★条件：幼儿处于清醒状态且情绪良好时，开阔的室内或户外空间。

★焦点：幼儿蹲下时，是否能伸出双臂接住球，是否能屈肘收回并将球抱住。

★步骤：从 2 米远的地方将球沿着地面向前滚出，让幼儿在对面 2 米远处蹲下做好接球准备，观察幼儿是否能熟练地接住并抱起滚来的球。同时，使用表 3 - 20 进行反复多次的观察记录。

表 3 - 20 25—30 个月幼儿接球动作的观察及评估表

观察记录	表现	次数	记录	
观察记录	能伸出双臂接住球	第一次	是	
			否	
		第二次	是	
			否	
		第三次	是	
			否	
		第 n 次成功	月龄：	

	表现	次数	记录	
观察记录	能屈肘收回并将球抱住	第一次	是	
			否	
		第二次	是	
			否	
		第三次	是	
			否	
		第 n 次成功	月龄：	
评估结果分析	若幼儿在前三次就能用伸出双臂接住球乃至屈肘收回并将球抱住,说明幼儿的接球动作已发展得很好;若幼儿在前三次即使不能屈肘收回并将球抱住,但能伸出双臂接球,也说明该幼儿的接球动作发展得尚可;若幼儿经过 n 次的练习能屈肘收回并将球抱住,说明幼儿的接球动作发展得较好;若幼儿满 30 个月时,还不会接球,则值得关注。			

（二）分析与建议

此处的分析,着重于运用上述观察和评估量表后,剖析 25—30 个月幼儿在"接球动作"能力发展方面"有待提高"或"值得注意"的原因,据此给关联成人提出一些适切的建议。

1. 分析

若 30 个月幼儿还不会接球,原因可能有以下两点:

一是幼儿的动作发展具有个体差异性。

二是缺乏接球动作的练习和指导,幼儿的两臂肌肉力量不足,用手控制球的能力还比较弱,反应和动作的速度慢。

2. 建议

一方面,应帮助幼儿掌握被动接球动作的基本要领,即两臂向前伸出,手指自然分开,手心向上,等球滚到面前时,两臂迅速屈肘收回并将球抱住。幼儿起初接球时,常常是两臂僵直地伸向前方,等球触到手臂之后才开始有屈肘抱球的动作,由于幼儿的反应和动作的速度比较慢,经常接不住球。这是常见的情况,只要教给幼儿正确的接球动作要领,幼儿接球动作的准确性和灵敏性会越来越高。

另一方面,除了抛接球,还可以通过滚球、拍球等球类运动促进幼儿用手控制球的能力。

滚球运动能有效地增强幼儿手指、手掌、手臂等部位的肌肉力量,提高手腕关节的灵活性,发展双手动作的准确性、协调性和视觉运动的能力。拍球运动能增强幼儿上肢部位肌肉的力量,有效地锻炼肘、手指、手腕、肩等部位的关节,发展动作的灵敏性、准确性及手眼协调的能力。成人应正确示范滚球和拍球的身体姿势和手部动作,不用强求动作的标准性,应该鼓励幼儿积极尝试抛接球、滚球和拍球的动作。

下面的游戏旨在促进 25—30 个月幼儿接球动作的发展。

游戏 3-31:跳跃击球

游戏目的: 发展幼儿的跳跃动作和全身协调能力。

游戏准备: 橡胶球。

游戏内容: 用绳系住橡皮小球,悬放在幼儿头顶上方,引导幼儿双脚跳起用手击球。

游戏 3-32:超级投篮

游戏目的: 锻炼幼儿抱球行走及投掷的能力。

游戏准备: 球,小篮球架,儿童篮球架或者自制的篮球框。

游戏内容: 在平地上放置一个 85—120 厘米高的小篮球架或者自制篮球框,让幼儿从成人手中拿球走至篮球架处进行投篮,再折返拿球继续运球投篮,成人可以在篮球架附近帮助幼儿捡球,保护幼儿的安全。

四、31—36 个月幼儿

31—36 个月幼儿器械操控动作的发展表现为球类动作的进一步发展和车类动作的发展。球类技能的掌握从笨拙到灵活,能较灵活地用胳膊而不是用胸腔挡球,并逐渐会把肩膀、躯干和腿等身体部位协调起来抛接球。在车类运动上,本月龄段幼儿的身体平衡能力越来越强,开始会骑脚踏三轮车。

(一) 31—36 个月幼儿骑脚踏三轮车动作的观察与评估

骑三轮童车动作是一项锻炼全身协调能力的运动,需要上下肢协调、手眼协调和身体平衡等多种能力的共同配合。

1. 观察与评估依据

本月龄段幼儿的身体平衡能力越来越强,开始会骑脚踏三轮车。幼儿学习骑脚踏三轮车的过程一般是先学习蹬踏动作,比如双脚同时踏、向前蹬车,然后双手配合调节方向。

2. 观察与评估实施

★目的:了解 31—36 个月幼儿骑脚踏三轮车动作的发展情况。

★工具:三轮童车一辆。

★条件：幼儿处于清醒状态下，且情绪良好时，在宽敞的户外平地。

★焦点：幼儿是否能独自将三轮童车向前骑一段距离，骑车时是否能完成转弯、绕障碍物等动作。

★步骤：选择一片宽敞的户外平地，让幼儿骑脚踏三轮童车玩耍。在经过一定的练习后，观察幼儿是否能独自将三轮童车向前骑一段距离，并完成转弯、绕障碍物、停车等动作，记录下幼儿完成动作的熟练度。同时，将观察结果记录于表 3-21 中。

图 3-12　骑车的幼儿[①]

表 3-21　31—36 个月幼儿骑脚踏三轮童车动作的观察及评估表

	物体	表现	记录	
观察记录	三轮童车	能独自将脚踏三轮童车向前骑一段距离	是	否
		能沿直线前行	是	否
		能骑车转弯	是	否
		能骑车绕过障碍物	是	否
评估结果分析	若幼儿能熟练地独自将脚踏三轮童车向前骑一段距离，骑车时能完成转弯、绕障碍物等动作，说明幼儿骑脚踏三轮童车的动作发展得非常好；若幼儿能熟练地独自将脚踏三轮童车向前骑一段距离，也说明幼儿骑脚踏三轮童车的动作发展得尚可；若幼儿满 36 个月时，全然不能完成以上几点，则值得关注。			

（二）分析与建议

此处的分析，着重于运用上述观察和评估量表后，剖析 36 个月幼儿在"骑脚踏三轮车"能力发展方面"有待提高"或"值得注意"的原因，据此给关联成人提出一些适切的建议。

1. 分析

原因可能有以下两点：

一是幼儿的动作发展具有个体差异性。

二是缺乏骑车动作的练习和指导，幼儿还没有掌握骑车动作的基本要领，练习还不够熟练。

2. 建议

应遵循正确的步骤来教幼儿骑脚踏三轮童车，在循序渐进、反复练习的过程中，让幼儿

---

① 照片由蒋将提供。

慢慢熟练地掌握这项技能。刚开始骑行时,成人应在后面推着幼儿,帮助其保持平衡,然后是双手配合调节方向。在幼儿学会骑车及熟练之后,鼓励并协助幼儿左右转动、后退及拐弯、躲过障碍物等。在循序渐进、反复练习的过程中,让幼儿慢慢熟练地掌握这项技能,注意要在成人的看护下进行骑车活动。

下面的游戏旨在促进31—36个月幼儿骑车动作的发展。

游戏 3-33:走小路

游戏目的: 促进幼儿的平衡能力和身体的协调性。

游戏准备: 粉笔、旧毛线、塑料绳等。

游戏内容: 用粉笔在地上画一条弯弯曲曲的线,或者将旧毛线、塑料绳等弯弯曲曲地铺在地上变成小路。教幼儿沿着线条,两只脚一前、一后地走。平时带幼儿到户外玩,看见花坛边、路桩子等,也可以扶着幼儿在上面走。

游戏 3-34:趣味跟跑

游戏目的: 锻炼幼儿双腿的力量。

游戏准备: 大小适宜的球类,如皮球、乒乓球、羽毛球,等等。

游戏内容: 按一定的形式(8字形、直线、圆形和大三角形)跑步,成人先带领幼儿一起按路线跑,接着让幼儿自己根据路线跑,还可以让幼儿自行设计线路,成人跟着幼儿跑。

本章总结

	月龄段	观察与评估聚焦内容
第一节 粗大动作发展的观察与评估	0—12个月	**头部控制** 1个月左右:俯卧时能自主抬头 1—2 秒钟 2个月左右:头部可以自行竖直并保持 5 秒或以上 3个月左右:将头自主竖直并稳定 10 秒或以上 **坐立能力** 4—5 个月:扶坐动作 5—6 个月:独坐动作 **爬行动作** 7—9 个月:匍匐爬行和手膝爬行 **下肢粗大动作:** 10—12 个月:蹲站动作和扶物行走动作 蹲站动作:扶物站立,弯腰、下蹲捡起玩具 扶物行走动作:扶物向前行走 3 步或以上

	月龄段	观察与评估聚焦内容
第一节 粗大动作发展的观察与评估	13—18 个月	**独立行走**：能不借力独自向前行走
	19—24 个月	**扶物攀登**：能扶物上楼梯或台阶
	25—36 个月	**双脚跳** 25—30 个月：双脚同时离地跳起 31—36 个月：立定跳远
第二节 精细动作发展的观察与评估	0—12 个月	**视觉指引抓握动作** 4—6 个月：伸手去抓玩具、抓握玩具 **手指抓握动作** 7—9 个月：能用拇指和食指捏起物体 **插孔动作和投物动作** 10—12 个月：插孔动作和投物动作 插孔动作：能模仿成人将手指插到孔中 投物动作：能将小物品投放到广口瓶中
	13—18 个月	**涂鸦动作** 使用不同材质画笔的涂鸦表现及持续时间
	19—24 个月	**生活自理动作** 拧瓶盖、串珠、使用勺子吃饭、穿鞋子和袜子
	25—36 个月	**使用笔、筷和美工关联精细动作** 25—30 个月：垒高积木、握笔、使用筷子 31—36 个月：绘画、使用剪刀、积木拼搭、折纸
第三节 器械操控发展的观察与评估	15—18 个月	**抛球** 能举手过肩抛球
	19—24 个月	**踢球** 能站着将静止的球踢向前方
	25—36 个月	**接球** 25—30 个月：能伸出双臂接住球、屈肘收回并将球抱住 **骑车** 31—36 个月：独自将脚踏三轮童车向前骑一段距离，骑车时完成转弯、绕障碍物等动作

巩固与练习

一、简答题

1. 4—6 个月婴儿粗大动作发展的观察与评估依据什么？

2. 25—30 个幼儿精细动作发展的观察与评估依据是什么？

二、案例分析

小朵(18个月)和天天(25个月)在小区的游乐设施处玩滑梯,他们需要先登上一段坡度比较平缓低矮的楼梯,到达一定的高度后再从上面滑下。

只见天天抓着旁边的扶手,虽然还不能熟练自如地双脚交替攀登,但他紧紧握住扶手,终于一步一步、慢慢地登了上去,然后开心地从另一边滑了下来。小朵跟在天天的后面也想玩滑梯,她试着弯下身子手脚并用地向上爬,一旁的小朵妈妈一边扶着小朵,一边说:"这个是梯子是用来踩的,不要趴在上面爬,脏死了。"说着,便牵着小朵的两只手,打算把她拉上楼梯。小朵的双腿有些跟不上妈妈的速度,身体重心也完全靠在妈妈的身上,但最后终于爬上了楼梯,坐上了好玩的滑梯。

1. 请根据案例,分别对小朵和天天的动作发展特点进行分析。

2. 小朵妈妈的做法是否合适?为什么?

参考文献

[1] 格雷格·佩恩,耿培新,梁国立.人类动作发展概论[M].北京:人民教育出版社,2008.

[2] 鲍秀兰.0—3岁儿童最佳的人生开端·正常儿卷[M].北京:中国妇女出版社,2019.

[3] 周念丽.0—3岁儿童心理发展[M].上海:复旦大学出版社,2017.

[4] 文颐.0—3岁婴儿的保育与教育[M].北京:高等教育出版社,2016.

[5] 金星明.上海市0—3岁婴幼儿家庭科学育儿指导手册[M].上海:上海科学技术出版社,2012.

第四章

0—3 岁婴幼儿认知发展的观察与评估

学习目标

1. 了解 0—9 个月婴儿注意发展的观察与评估方法。

2. 掌握 10—24 个月婴幼儿记忆发展观察与评估实施。

3. 知晓 25—36 个月幼儿思维发展的观察与评估要点。

学习重点

1. 0—9 个月婴儿注意发展的观察与评估。

2. 10—24 个月婴幼儿记忆发展的观察与评估。

3. 25—36 个月幼儿思维发展的观察与评估。

学习内容

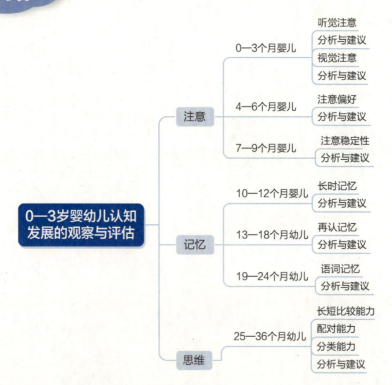

认知是大脑反映客观事物的特性与联系，并揭露事物对人的意义与作用的心理活动。认知是一种复杂的心理活动，具体包括注意、想象、记忆和思维等心理活动。对0—3岁婴幼儿认知发展进行观察与评估，有利于人们了解不同月龄段婴幼儿的认知发展状况，及时发现婴幼儿在成长发育过程中的问题，从而针对性地提出养育建议，促进婴幼儿认知的健康发展。本章根据《0—3岁婴幼儿心理发展的基础知识》的系统划分，主要对0—3岁婴幼儿的注意、记忆、思维三大方面进行观察与评估。

第一节　注意发展的观察与评估

注意是日常生活中较为常见的一种心理现象，人类一生下来就有注意。注意不是一个独立的心理过程，注意总是和心理过程相伴随，它是感知觉、记忆、思维等心理过程的一种共同特征，而这些内容共同构成了认知的主体，所以注意被称为认知的途径。注意可分为有意注意和无意注意。

一、0—3个月婴儿

3岁前的婴幼儿以无意注意为主，但出生1个月后也是由无意注意逐渐转向有意注意的萌芽时期。在此选择视觉注意和听觉注意两个维度，对0—3个月婴儿进行观察和评估。

（一）0—3个月婴儿听觉注意能力发展的观察与评估

0—3个月婴儿"听觉注意"能力发展的观察与评估分别从"依据"和"实施"两方面来进行说明和解析。

1. 观察与评估依据

1—3个月的婴儿"听觉注意力"有明显发展，他们已能追踪声源，将头转向声音发出的方向。

2. 观察与评估实施

★目的：了解0—3个月婴儿听觉注意的发展情况。

★工具：小塑料盒（内装有少量黄豆）、婴儿手摇铃玩具、照护者。

★条件：在安静的环境中，在婴儿清醒的状态下，将其平放在床上。

图4-1 照护者在婴儿侧面轻喊婴儿[1]

★焦点：观察婴儿对手摇铃和装有黄豆的小塑料盒摇晃后以及对照护者呼唤的反应。

★步骤：

（1）在婴儿耳旁10—15厘米处分别摇动手摇铃、内装有黄豆的小塑料盒，观察其反应；

（2）成人用洪亮声音在婴儿左侧面呼唤，10秒左右后，再在右侧面呼唤，观察其反应。

同时，将观察结果记录于表4-1中。

表4-1 0—3个月婴儿听觉注意能力的观察及评估表

	物体	表现	次数	记录	
观察记录	手摇铃	头部或眼睛转向声音发出的方向	第一次	是	
				否	
			第二次	是	
				否	
			第三次	是	
				否	
	内装有黄豆的小塑料盒	头部或眼睛转向声音发出的方向	第一次	是	
				否	
			第二次	是	
				否	
			第三次	是	
				否	
	照护者	头部或眼睛转向声音发出的方向	第一次	是	
				否	
			第二次	是	
				否	
			第三次	是	
				否	

---

① 照片由乔娜提供。

评估结果分析	若婴儿行为表现中有7—9次"是",说明其听觉注意发展得非常好,若婴儿行为表现中有3—6次"是",说明其听觉注意发展得较好,若9次中只有1次甚至0次"是",则婴儿的听觉注意发展值得关注。

（二）分析与建议

此处的分析,着重于运用上述观察和评估量表后,剖析0—3个月婴儿在"听觉注意"能力发展方面"有待提高"或"值得注意"的原因,据此给关联成人提出一些适切的建议。

1. 分析

0—3个月婴儿听觉注意的发展如果在"值得关注"水平,可能的原因如下:

（1）婴儿的发展有个体差异性,每个婴儿听觉的敏感度不同。

（2）新生儿因为颈部发育问题,头部可能暂时不能随意转动。

（3）婴儿生活的环境过于嘈杂或过于安静都会对婴儿的听觉注意发展有所影响。过于嘈杂,则婴儿对突然出现的声音没有新鲜感,就不会产生明显的听觉注意反应。如果平时环境过于安静,且成人跟婴儿的互动较少,都会造成婴儿对声音没有太大的反应。

（4）婴儿的听觉注意能力与听觉能力发展紧密相关,可能是婴儿的听力出现了问题,或者耳朵里面有耳屎等堵住耳道,需要及时去医院进行婴儿的听力筛查或耳部检查。

2. 建议

婴儿可能因为颈部发育问题或者个体发育的差异,对声音的注意不是很明显,在这种情况下,成人不用过于紧张,需要保证为婴儿提供充足的营养,确保婴儿正常发育。对于听觉注意还有待发展的婴儿,成人还要注意在家庭生活环境中噪音不宜过多,音量不宜过大,要营造良好的声音环境,也可以通过敲鼓、摇铃、拍手等方式锻炼婴儿的听觉注意。特别要注意多与婴儿进行亲子互动,增加婴儿对环境的信任度,愿意与周围的环境发生反应。

成人可以跟婴儿做以下游戏,锻炼婴儿的听觉注意。

游戏4-1：小小音乐家

游戏目的： 舒缓婴儿情绪,锻炼婴儿的听觉注意。

游戏准备： 轻柔舒缓的音乐（比如莫扎特的钢琴曲或摇篮曲）。

游戏内容： 在孩子睡醒安静的时候,在室内比较安静的环境中,播放一些轻柔舒缓的音乐,这时候成人可以一边跟着音乐轻轻哼唱旋律,一边跟着音乐的节奏举起孩子的双手或双脚,随着音乐轻轻摇摆。

游戏4-2：找妈妈

游戏目的： 锻炼婴儿对熟悉的成人的声音的注意力。

游戏准备： 婴儿仰卧在床上。

游戏内容： 照护者面对婴儿，看着婴儿，轻声与婴儿说话。然后，妈妈躲到婴儿的一侧，对婴儿说"妈妈在这里呢"，吸引婴儿随声音转动头部找寻妈妈。

预警提示：

如果0—3个月婴儿长时间对突然出现的声音或者照护者的声音没有任何反应，建议及早就医，做听力诊断或进一步的婴儿发育检查。

脑瘫儿的一项表现就是对声音的方向没有辨别，不能随着声音转动身体追寻声音，成人需要及时带婴儿去医院检查以排除这种可能性。

（三）0—3个月婴儿视觉注意能力发展的观察与评估

0—3个月婴儿"视觉注意"能力发展的观察与评估分别从"依据"和"实施"两方面来进行说明和解析。

1. 观察与评估依据

1—3个月的婴儿开始会随着物体移动进行追视，喜欢看人脸和活动的物品。

2. 观察与评估实施

★目的：了解0—3个月婴儿视觉注意的发展情况。

★工具：红球，轮廓鲜明、对比强烈的黑白图形卡，照护者。

★条件：在安静的环境中，在婴儿清醒并情绪平静的状态下，将其平放在床上。

★焦点：观察婴儿的视线能否立即集中到红球、黑白卡和照护者的脸上，是否能够追视移动的红球、黑白卡和照护者的脸。

★步骤：

图4-2　成人向婴儿展示红球，引起婴儿注意

（1）用手拿着红球，在婴儿眼前约15—20厘米处轻轻晃动约5秒，引起婴儿注意，然后按照从左到右、从上到下的顺序分别平行、画圈地摇晃着，缓慢移动。

（2）用手拿着黑白卡，在婴儿眼前约15—20厘米处轻轻晃动约5秒，引起婴儿注意，然后按照从左到右、从上到下的顺序分别平行、画圈地摇晃着，缓慢移动。

（3）照护者在婴儿眼前约15—20厘米处看着婴儿约5秒，引起婴儿注意，然后按照从左到右、从上到下的顺序缓慢移动。

同时,将观察结果记录于表4-2中。

表4-2　0—3个月婴儿视觉注意能力的观察及评估表

	物体	表现	次数	记录	
观察记录	红球	眼睛能够注视并追视移动的红球	第一次	是	
				否	
			第二次	是	
				否	
			第三次	是	
				否	
	黑白卡	眼睛能够注视并追视移动的黑白卡	第一次	是	
				否	
			第二次	是	
				否	
			第三次	是	
				否	
	照护者	眼睛能够注视并追视移动的照护者的脸	第一次	是	
				否	
			第二次	是	
				否	
			第三次	是	
				否	
评估结果分析	若婴儿行为表现中有7—9次"是",说明其视觉注意发展得非常好;若婴儿行为表现中有3—6次"是",说明其视觉注意发展得较好;若9次中只有1、2次甚至0次"是",则婴儿的视觉注意发展值得关注。				

(四) 分析与建议

此处的分析,着重于运用上述观察和评估量表后,剖析0—3个月婴儿在"视觉注意"能力发展方面"有待提高"或"值得注意"的原因,据此给关联成人提出一些适切的建议。

1. 分析

可能的原因如下:

（1）周围的视觉刺激较少或过多，都会造成婴儿视觉注意发展滞后。过少的刺激使得婴儿的视觉注意难以得到发展，过多且频繁的刺激使得幼儿难以集中注意力去观察。

（2）这个月龄段末期的婴儿对于视觉注意开始出现习惯化的现象，多次出现的物品，婴儿会渐渐习惯化并不再关注。

2. 建议

成人应该注意婴儿周围环境的布置要恰当，不要布置得过于花哨，也不要布置得过于单调。成人还可以提供多种不同视觉刺激的物品，让婴儿接受不同的视觉刺激，如观察飘动的气球、注视玩耍的小狗等；对于动态事物的注意还有待发展的婴儿，成人要注意适度增加对婴儿的视觉刺激，引导婴儿多看色彩缤纷、复杂的有意义图案，进而促进婴儿注意的发展。

成人可以跟婴儿玩以下游戏，锻炼婴儿的视觉注意。

游戏 4-3：看爸爸妈妈的脸

游戏目的： 锻炼婴儿的追视能力。

游戏准备： 爸爸、妈妈。

游戏内容： 在婴儿睡醒安静的时候，平躺在床上。爸爸或妈妈在婴儿脸上方 15—20 厘米处注视着婴儿，对婴儿微笑，可以发出声音逗一逗婴儿。爸爸或妈妈把脸慢慢移动到婴儿左侧，再慢慢移动到右侧，让婴儿的眼睛追视爸爸或妈妈的脸。

游戏 4-4：滚苹果

游戏目的： 锻炼婴儿的追视能力。

游戏准备： 准备一个洗干净的苹果。

游戏内容： 在婴儿睡醒安静的时候，让婴儿俯卧在床上，把苹果放在婴儿的正前方，并让婴儿闻一闻。婴儿注视苹果后，成人滚动苹果，锻炼婴儿对苹果的追视能力。

预警提示：

婴儿若一直没有出现视物或者追视，那么家长需要及时带孩子去医院做视力检查，排除眼部疾病。

二、4—6 个月婴儿

由于感知觉与运动等各方面能力的发展，4—6 个月婴儿的注意范围逐渐扩大，对细节的注意逐渐增多。此月龄段婴儿的视觉注意发展得较为迅速，4—6 个月婴儿更偏好注视复杂物体。但伴随着刺激的习惯化，婴儿对多次重复出现的刺激的注意时间又会变短。

（一）4—6 个月婴儿注意偏好的观察与评估

4—6 个月婴儿"注意偏好"能力发展的观察与评估分别从"依据"和"实施"两方面来进

行说明和解析。

1. 观察与评估依据

4—6个月婴儿对新鲜复杂的物品的注意会保持更长的时间，物体越复杂，他们的注视时间越长。

2. 观察与评估实施

★目的：了解4—6个月婴儿视觉注意偏好的发展情况。

★工具：视觉注意卡片（简单图案图卡、复杂图案图卡各两张）。

图4-3　简单图案图卡1[①]

图4-4　简单图案图卡2[②]

图4-5　复杂图案图卡1

图4-6　复杂图案图卡2

★条件：在安静的环境中，在婴儿清醒并情绪平静的状态下，将其平放在床上或者由成人抱着坐在椅子上。

★焦点：观察婴儿对简单图案图卡和复杂图案图卡的视觉偏好。

★步骤：依次出示简单图案图卡和复杂图案图卡，每张图卡在婴儿眼前约15厘米处停

① 感谢吕欢欢提供。
② 感谢吕欢欢提供。

留 15 秒以上。同时,将观察结果记录于表 4-3 中。

表 4-3　4—6 个月婴儿注意偏好的观察及评估表

	物体	表现	记录
观察记录	简单图案图卡、复杂图案图卡	对简单图案图卡 1 的注视时间	(　　)秒
		对简单图案图卡 2 的注视时间	(　　)秒
		对复杂图案图卡 1 的注视时间	(　　)秒
		对复杂图案图卡 2 的注视时间	(　　)秒
评估结果分析	若婴儿对复杂图案的注视时间比简单图案的注视时间长,则说明婴儿对于复杂的图案出现了视觉注意偏好;若婴儿对两种图片的注视时间差不多,则说明婴儿的视觉注意偏好发展可能还没有出现。		

(二) 分析与建议

此处的分析,着重于运用上述观察和评估量表后,剖析 4—6 个月婴儿还没出现"视觉偏好"的原因,据此给关联成人提出一些适切的建议。

1. 分析

可能的原因:

(1) 这个月龄段婴儿对于事物的注意偏好可能存在很大的个体差异,每个婴儿可能会喜欢看不同的事物。

(2) 婴儿如果生活的环境过于单调,接触的外界刺激太少,可能会导致婴儿缺乏注意新鲜、复杂的事物的经验。

2. 建议

成人多带婴儿去不同的环境中,让婴儿观察不同的事物。在这个月龄段,成人可以引导婴儿注意观察事物的细节部分。对于婴儿的卧室布置,成人可以布置一些颜色丰富、可爱的卡通形象,可以在摇篮上挂上并常常更换不同的玩具,让婴儿接触到丰富的刺激物,但是注意不要布置得过于花哨。

成人可以跟婴儿玩以下游戏,锻炼婴儿的视觉注意。

游戏 4-5：各种各样的水果

游戏目的： 锻炼婴儿对于不同水果的视觉注意力。

游戏准备： 各种不同颜色和形状的水果,橙子、苹果、葡萄、菠萝等。

游戏内容： 在婴儿清醒安静的时候,让其躺着或由一名成人抱坐在椅子上,成人拿出橙子,放在距婴儿眼前15厘米处,吸引婴儿注意,并让婴儿看一看、闻一闻、抓一抓。然后再出示菠萝,让婴儿看一看,切开菠萝,让婴儿闻一闻。

游戏4-6:不一样的小球

游戏目的: 锻炼婴儿对新鲜刺激物的视觉注意力。

游戏准备: 各种颜色和图案的小球。

游戏内容: 在婴儿清醒安静的时候,成人拿出小球,放在距婴儿眼前15厘米左右处,慢慢抖动小球,吸引婴儿注意,然后左右移动小球,让婴儿追视小球。等婴儿对一个小球习惯化并慢慢不再注意的时候,出示另一个颜色或图案的小球,锻炼婴儿对新鲜刺激物的视觉注意力。

三、7—9个月婴儿

注意的稳定性是指注意在一定时间内保持在某个认识的客体或活动上,也叫做持续性注意。7—9个月婴儿对越是喜欢的事物,注意的时间也就越长,而且不局限于视听觉注意,更广泛地体现在够物、抓握、吸吮等摆弄动作上。婴幼儿的知识与经验在选择性注意中起到越来越大的支配作用。他们自身的经验,比如说喜欢不喜欢、熟悉不熟悉、婴儿的需要是否得到满足会影响到他们注意的内容和时间。

(一)7—9个月婴儿注意稳定性能力发展的观察与评估

7—9个月婴儿"注意稳定性"能力发展的观察与评估分别从"依据"和"实施"两方面来进行说明和解析。

1. 观察与评估依据

7—9个月婴儿不仅会注视有兴趣的物品,还会够抓、摆弄、吸吮物品,并且开始具备一些细节观察能力,也开始能够持续性地玩一段时间的玩具。

2. 观察与评估实施

★目的:了解7—9个月婴儿注意稳定性的发展情况。

★工具:婴儿喜欢并便于其抓握的两个玩具。

★条件:在安静的环境中,在婴儿清醒并情绪平静的状态下,将其放在带桌子的婴儿椅子上。

★焦点:观察记录婴儿分别玩两个玩具的时间。

★步骤:分两次把两个玩具放在"婴儿椅"前面的小桌子上,观察记录婴儿开始玩玩具到不玩玩具的时间,然后再换一

图4-7　把玩玩具的婴儿[①]

---

① 照片由吴琼提供。

个玩具给婴儿,再次记录玩玩具的时长。将观察结果记录于表4-4中。

表4-4 7—9个月婴儿注意稳定性的观察及评估表

	物体	表现	记录
观察记录	喜欢并可以握的两个玩具	从注意到玩具1至将玩具1放到一边	( )秒
		从注意到玩具2至将玩具2放到一边	( )秒
评估结果分析	若婴儿注意、玩耍两个玩具的时长都在20秒以上,说明婴儿的注意稳定性发展得很好;若婴儿注意、玩耍一个或两个玩具的时长都在10秒以上,说明婴儿的注意稳定性发展得较好;若婴儿注意与玩耍两个玩具的时长在5秒以下,说明婴儿的注意稳定性还有待发展。		

(二) 分析与建议

此处的分析,着重于运用上述观察和评估量表后,剖析7—9个月婴儿在"注意稳定性"能力发展方面"有待提高"或"值得注意"的原因,据此给关联成人提出一些适切的建议。

1. 分析

可能的原因如下:

(1) 这个月龄段婴儿的注意仍然以无意注意为主,注意的稳定性整体上还比较弱,很容易被新出现的刺激所干扰,如果周围环境中有过多的刺激,也可能造成婴儿的注意稳定性弱。

(2) 婴儿的注意稳定性跟亲子依恋关系的稳定性有关。安全型依恋关系的婴儿更容易投入到对周围环境的观察和注意当中,相对来说,非安全型依恋关系的婴儿可能在探索外界环境的时候更容易担心成人不在身边而减少探索,所以注意稳定性相对会弱。

2. 建议

对于注意稳定性还有待发展的婴儿,成人应该增加与婴儿的互动,尽量满足婴儿的各种需求。成人还要注意给予婴儿适度的刺激,不要一次性为婴儿提供过多的玩具,避免分散婴儿的注意力,着重引导婴儿观察色彩缤纷、复杂的有意义图案,以此来促进婴儿注意的发展。还需要注意不要一直打断婴儿正在关注和做的事情,要留给婴儿锻炼注意力和专注力的时间。

成人可以跟婴儿玩以下游戏,促进婴儿注意稳定性的发展。

游戏4-7:一起看图卡

游戏目的: 锻炼婴儿的注意稳定性。

游戏准备: 色彩明亮的图卡。

游戏内容: 在婴儿清醒、情绪平静的时候,成人把婴儿抱坐在自己腿上,将图卡放在婴儿眼前,一边说出图形名称,一边指画面中相应的形象,可以重复多次。

游戏 4 - 8: 妈妈的脸

游戏目的: 锻炼婴儿的注意稳定性,增强亲子依恋。

游戏准备: 妈妈坐在床上或地毯上。

游戏内容: 在婴儿清醒安静的时候,妈妈扶着婴儿的腋下,让婴儿坐在妈妈的膝盖上。妈妈屈膝时,婴儿上升;妈妈放平膝盖时,婴儿下降。同时,边做边说:"妈妈的脸在下面,妈妈的脸在上面。"让婴儿持续观察妈妈的脸。妈妈还可以指点自己的五官,让婴儿观察认知五官。

预警提示:

发育迟滞的婴儿可能存在注意力无法集中、注意稳定性较差的情况,如果婴儿一直无法做到注意一件物品或人,那成人应该尽快带婴儿去医院做发育评估。

第二节　记忆发展的观察与评估

记忆是人脑对经验过的事物的识记、保持、再现或再认,它是进行思维、想象等高级心理活动的基础。0—3 岁婴幼儿的记忆特征是无意识记占优势地位,记忆带有很大的随意性,他们只记得感兴趣的、印象鲜明的、能引起他们共鸣的事物。有意识记逐渐发展,并且是在成人的教育下逐渐发生的。1 岁前有初步的记忆,无意记忆占主导;1—2 岁能再认相隔几天至十几天的事物;2—3 岁能再认相隔 1—2 个月的事物,并开始出现有意记忆。

一、10—12 个月婴儿

这个月龄段的婴儿可以记住离别了一星期左右的 3—4 个熟人。婴儿已经能认出熟悉的事物,比如自己的奶瓶和喜欢的玩具。婴儿也能够认识一些图片上的物品,例如他可以从一大堆图片中找出他熟悉的几张。

(一) 10—12 个月婴儿记忆能力发展的观察与评估

10—12 个月婴儿记忆能力发展的观察与评估分别从"依据"和"实施"两方面来进行说明和解析。

1. 观察与评估依据

这个月龄段的婴儿有了短暂的记忆能力,可以记住离别了一星期左右的 3—4 个熟人,能够认识自己的玩具、衣物等,记得常见物品摆放的位置,指出自己的身体器官等。此外,婴儿已经能够通过反复学习记住动物的名称及动物的主要特征。

2. 观察与评估实施

下面将分别从"人脸记忆""实物记忆"以及"图像记忆"三个维度对 10—12 个月婴儿的记忆能力的观察与评估进行阐释说明。

(1) 10—12 个月婴儿人脸记忆能力发展的观察与评估实施

★目的：了解 10—12 个月婴儿人脸记忆的发展情况。

★工具：婴儿认识的 3 名熟人。

★条件：在婴儿清醒、情绪愉悦的状态下，让其坐立。

★焦点：观察婴儿是否能够认出熟人，能够表现出微笑、靠近熟人等行为。

★步骤：婴儿见到离别了一周左右的熟人，观察婴儿是否能够认出这个熟人。同时将观察结果记录于表 4-5 中。

表 4-5 10—12 个月婴儿人脸记忆发展的观察及评估表

	物体	表现	记录	
观察记录	熟人 1	能够认出熟人，表现出微笑、靠近熟人等行为	是	
			否	
	熟人 2	能够认出熟人，表现出微笑、靠近熟人等行为	是	
			否	
	熟人 3	能够认出熟人，表现出微笑、靠近熟人等行为	是	
			否	
评估结果分析	若婴儿能够认出离别了一周左右的 3 名熟人，说明婴儿的人脸记忆发展得很好；若婴儿能够认出 1—2 名离别了一周左右的熟人，说明婴儿的人脸记忆发展得较好；若婴儿完全认不出离别了一周左右的熟人，则说明婴儿的人脸记忆能力值得关注。			

(2) 10—12 个月婴儿常见物品记忆能力发展的观察与评估实施

★目的：了解 10—12 个月婴儿常见物品记忆的发展情况。

★工具：婴儿常见的物品，如电视；常玩的玩具；常用的物品，如鞋子。

★条件：在安静的环境中，在婴儿清醒并情绪平静的状态下，将其竖抱在怀中。

★焦点：观察婴儿是否对成人提到的物品所在的位置做出指一指、伸手等行为。

★步骤：成人依次问婴儿："宝宝，电视机在哪里？宝宝的鞋子在哪里？小熊玩具在哪里？"（可以更换为婴儿熟悉的并且平常有固定摆放位置的物品。）同时，将观察结果记录于表 4-6 中。

表4-6 10—12个月婴儿常见物品记忆发展的观察及评估表

	物体	表现	记录	
观察记录	电视机	表现出向电视机所在位置指一指、伸手等行为	是	
			否	
	宝宝的鞋子	表现出向宝宝的鞋子所在位置指一指、伸手等行为	是	
			否	
	小熊玩具	表现出向小熊玩具所在位置指一指、伸手等行为	是	
			否	
评估结果分析	若婴儿3种物品都能找到的话,则表明婴儿的记忆能力发展得很好;若婴儿能正确找到1—2种物品,则表明婴儿的记忆能力发展得较好;若婴儿在全部或大部分项目中都没有找到或都要通过多次试错才能找到物品,那么婴儿的记忆能力值得关注。			

(3) 10—12个月婴儿图像记忆能力发展的观察与评估实施

★目的:了解10—12个月婴儿图像记忆能力的发展情况。

★工具:动物图卡若干。

★条件:在安静的环境中,在婴儿清醒并情绪平静的状态下,将婴儿放在婴儿椅上。

★焦点:观察婴儿是否能够在学习10分钟后,根据动物名称指点出相应的图卡或指点出动物的主要特征。

★步骤:成人依次出示3张常见的动物图卡,让婴儿学习认知动物的名称和主要的特征,比如"这是兔子,兔子的耳朵长长的。"反复3次,直到出示第3张卡片时,婴儿能够根据照护者的问题,如:"哪一个是兔子?"指点出相应的卡片。间隔10分钟后,成人再问同样的问题,观察婴儿是否能够正确回答。同时,将观察结果记录于表4-7中。

表4-7 10—12个月婴儿图像记忆发展的观察及评估表

	物体	表现	记录	
观察记录	动物图卡	能够根据照护者的问题,如"哪一个是兔子?"指出兔子图卡	是	
			否	
		能够根据照护者的问题,如"哪一个是小猫?"指出小猫图卡	是	
			否	
		能够根据照护者的问题,如"大象哪里是长长的?"指出大象图卡	是	
			否	

评估结果分析	若婴儿能够全部正确回答照护者的问题,说明婴儿的图像记忆发展得很好;若婴儿能够正确回答 1—2 个问题,说明婴儿的图像记忆发展得较好;若婴儿没有反应或者全部回答错误,说明婴儿的长时记忆还有待发展。

(二) 分析与建议

此处的分析,着重于运用上述观察和评估量表后,剖析 10—12 个月婴儿在"人脸、实物和图像记忆"能力发展方面"有待提高"或"值得注意"的原因,据此给关联成人提出一些适切的建议。

1. 分析

可能的原因如下:

(1) 婴儿的营养不均衡可能导致其记忆力差。

(2) 婴儿睡眠不足、生病、想睡觉等原因都可能导致婴儿记忆力下降。

(3) 婴儿的注意力不够集中可能导致婴儿无法记住事物。

2. 建议

成人要满足婴儿最基本的生理需求,适当给婴儿补充钙锌、鱼肝油、核桃油、鱼等补脑食物,保证婴儿大脑的发育,促进其记忆力发展。成人还可以通过说话、唱歌、肢体动作等方式,加强与婴儿的互动,促进婴儿记忆能力的发展,比如喝奶时告诉婴儿"宝宝现在肚子饿了,我们去找奶瓶喝奶好吗? 奶瓶在架子上"。

成人可以跟婴儿玩以下游戏,促进婴儿记忆能力的发展。

游戏 4-9:观察小动物

游戏目的: 锻炼婴儿的观察能力和长时记忆能力。

游戏准备: 动物玩偶若干。

游戏内容: 在婴儿清醒、情绪平静的时候,给婴儿出示动物玩偶,让婴儿观察各种动物的特点,并在反复学习后,问婴儿:"兔子的耳朵在哪里?""大象哪里是长长的?"每次学习的内容和时间不要太长,一两分钟即可。

游戏 4-10:找玩具

游戏目的: 锻炼婴儿的长时记忆和发展客体永久性思维。

游戏准备: 婴儿喜欢的玩具。

游戏内容: 成人在婴儿面前展示玩具,吸引婴儿的注意,然后将玩具当婴儿面藏在盒子里或丝巾、椅子下面。把婴儿抱开一两分钟,然后再抱回来,问婴儿:"玩具在哪里?"让婴儿寻找玩具。

预警提示：

发育迟滞的婴儿可能存在长时记忆较差的情况，如果到了1岁，婴儿还无法记住熟悉的人脸、实物或图片的话，应尽快带婴儿去医院做发育评估。

二、13—18个月幼儿

1岁后的幼儿开始出现延迟模仿行为，即当模仿对象不在眼前时，幼儿还能模仿其动作。1岁时，幼儿再认记忆的保持时间为几天或十几天之内。

（一）13—18个月幼儿记忆能力发展的观察与评估

在此，将分别从"物品再认""声音再认"和"延迟模仿"三个维度对13—18个月幼儿的记忆能力进行观察与评估。

1. 观察与评估依据

这个月龄段的幼儿能够认出自己常常使用的物品，也能从声音中唤起再认能力，他们的延迟模仿行为也逐渐增多。

2. 观察与评估实施

（1）13—18个月幼儿常见物品再认记忆能力发展的评估实施

★目的：了解13—18个月幼儿再认记忆的发展情况。

★工具：幼儿常用的毛巾、水杯、帽子等物品，他人的同类物品。

★条件：在幼儿情绪愉悦的状态下。

★焦点：观察幼儿是否能再认出自己常用的物品。

★步骤：成人在幼儿面前摆放三条毛巾（其中一条是幼儿常用的毛巾），问幼儿："哪条毛巾是宝宝的?"观察幼儿是否能指出或拿取自己的毛巾。然后用这种方式依次出示幼儿常用的水杯、帽子等物品，观察幼儿能否再认出自己常用的物品。同时，将观察记录填于表4-8中。

表4-8　13—18个月幼儿常见物品再认记忆发展的观察及评估表

	物体	等级评定		
		等级1	等级2	等级3
观察记录	毛巾	指认不出自己的毛巾	指认错误几次后才能指认出自己的毛巾	立即指认出自己的毛巾
	水杯	指认不出自己的水杯	指认错误几次后才能指认出自己的水杯	立即指认出自己的水杯

观察记录	物体	等级评定		
		等级1	等级2	等级3
	帽子	指认不出自己的帽子	指认错误几次后才能指认出自己的帽子	立即指认出自己的帽子
评估结果分析	若幼儿直接指认出自己的毛巾、水杯和帽子,则表明幼儿的再认记忆能力发展得很好;如果幼儿能够指认出1—2样物品,或者错误了几次后能够指出所有的物品,则表明幼儿的再认记忆能力发展得较好;如果幼儿在全部或大部分项目中都没有找到或都要通过多次试错才能找到自己的物品,那么幼儿的再认记忆能力还有待发展。			

（2）13—18个月幼儿声音再认记忆能力发展的观察与评估实施

★目的：了解13—18个月幼儿声音再认记忆发展情况。

★工具：小狗、小猫玩偶；小狗、小青蛙、小猫叫声的音频。

★条件：在幼儿情绪愉悦的状态下。

★焦点：观察幼儿在一周后能否再辨识出小动物的叫声。

★步骤：成人拿出小狗玩偶给幼儿玩耍后播放小狗叫声的音频，并帮助幼儿认知到这是小狗的叫声，再让幼儿用同样的方式认知小猫的叫声，直到幼儿听到这两个音频时能够指认出相应的动物玩偶。一周后，让幼儿再听这两个音频，让幼儿根据所听音频从两个动物玩偶中指认出相应的动物玩偶。同时，将观察结果填于表4-9中。

表4-9　13—18个月幼儿声音再认记忆发展的观察及评估表

观察记录	物体	等级评定		
		等级1	等级2	等级3
	小狗、小猫玩偶；小狗叫声的音频	无法指认出小狗玩偶	指错几次后才能指认出小狗玩偶	能够第一次就指认出小狗玩偶
	小狗、小猫玩偶；小猫叫声的音频	无法指认出小猫玩偶	指错几次后才能指认出小猫玩偶	能够第一次就指认出小猫玩偶
评估结果分析	若幼儿能够在第一次就正确指认出玩偶，说明幼儿的声音再认记忆能力发展得很好；若幼儿在指错几次后能够正确指出，则表明幼儿的再认记忆能力发展得较好；如果幼儿完全无法正确指认玩偶，那么幼儿的声音再认记忆能力还有待发展。			

（3）13—18个月幼儿延迟模仿能力发展的观察及评估实施

★目的：了解13—18个月幼儿延迟模仿能力的发展情况。

★工具：成人。

★条件：在幼儿情绪愉悦的状态下。

★焦点：观察幼儿是否出现延迟模仿行为（动作模仿、表情模仿和声音模仿）。

★步骤：成人请幼儿回忆并模仿平时熟悉的动作，比如请幼儿回忆并模仿妈妈炒菜时的动作："宝宝，妈妈是怎么炒菜的？"成人请幼儿回忆并模仿平时看到过的表情。成人请幼儿回忆并模仿平时熟悉的声音。同时，将观察结果记录于表4-10中。

表4-10　13—18个月幼儿延迟模仿的观察及评估表

观察记录	物体	等 级 评 定		
		等级1	等级2	等级3
观察记录	成人	不能延迟模仿动作	模仿错误几次之后才能模仿正确	能够回忆并正确模仿动作
		不能延迟模仿表情	模仿错误几次之后才能模仿正确	能够回忆并正确模仿表情
		不能延迟模仿声音	模仿错误几次之后才能模仿正确	能够回忆并正确模仿声音
评估结果分析	若幼儿能够回忆并模仿平时3个左右熟悉的动作、表情或声音，则表明幼儿的延迟模仿能力发展得很好；若幼儿能够回忆模仿1—2个平时熟悉的动作或表情或声音，则表明幼儿的延迟模仿能力发展得较好；若幼儿全然无法回忆并模仿，则表明他们的延迟模仿能力还有待发展。			

（二）分析和建议

此处的分析，着重于运用上述观察和评估量表后，剖析13—18个月幼儿在"再认"能力发展方面"有待提高"或"值得注意"的原因，据此给关联成人提出一些适切的建议。

1. 分析

13—18个月幼儿的记忆发展如果达不到以上发展水平，则可能的原因如下：

（1）幼儿睡眠不好会影响幼儿的记忆发展。

（2）幼儿的脑部营养不够也可能导致幼儿的记忆能力较弱。

（3）幼儿比较容易记住自己感兴趣的物品或人，对于枯燥无趣的事物，幼儿很难记住。

2. 建议

对于记忆还有待发展的幼儿，成人要保证其充足的睡眠，多给幼儿补充脑部发育所需的物质，良好的睡眠和充足的脑部营养都可以帮助幼儿提升记忆能力。成人可以从幼儿身边熟悉的事物开始，培养幼儿的记忆能力。成人还可以用各种有趣的方式来让幼儿记住事物。

成人可以跟幼儿玩以下游戏，促进幼儿记忆能力的发展。

游戏 4‐11：翻书

游戏目的： 锻炼幼儿的再认记忆能力。

游戏准备： 适合13—18个月幼儿阅读的图书。

游戏内容： 成人打开一本幼儿阅读的图书，一页、一页翻阅给幼儿看，多次翻阅后给幼儿详细讲解。

游戏 4‐12：整理玩具

游戏目的： 锻炼幼儿整理玩具的习惯，促进幼儿再认记忆能力的发展。

游戏准备： 玩具和玩具筐。

游戏内容： 幼儿玩好玩具后，成人帮助幼儿一起整理玩具，把玩具放回玩具筐，成人可以提醒幼儿："这个玩具是放在哪个筐里的？"

预警提示：

如果幼儿完全不能记忆熟悉的物品和声音等，有可能是幼儿智力发育不良造成的，成人应该尽快带幼儿去医院做智力发育方面的检测。

三、19—24个月幼儿

19—24个月幼儿表现出明显的回忆能力，2岁幼儿已经掌握了本民族的口语，能复述或重编几个月前发生的事件，产生了有意识地回忆以前发生的事件的能力，这与幼儿言语能力的发展是有着紧密联系的。幼儿能够用语言来表达自己所经历的事物，比如从动物园回来后，当成人询问"在动物园里都看到了什么呀？"幼儿可以简单回答"老虎"，并且可以在成人的提示或继续询问下，表达出更多的语词。

（一）19—24个月幼儿语词记忆能力发展的观察与评估

有关19—24个月幼儿"语词记忆"能力发展的观察与评估将分别从"依据"和"实施"两方面来进行说明和解析。

1. 观察与评估依据

该月龄段幼儿有的还没有语言，但是在出现语言之前会模仿动物的发声等，这时候的幼儿对常见动物的发声能进行模仿并能够保持记忆，这也是语词记忆发展的启蒙。该月龄段幼儿随着言语的发展，开始用单词或双语句表达自己经历过的事物。快到2岁的幼儿虽然不识字，也不懂儿歌的意思，却常常能够一字不漏地将整首儿歌或者古诗背下来。

2. 观察与评估实施

下面将分别从"前词语记忆""名词记忆"及"儿歌记忆"对 19—24 个月幼儿的语词记忆能力进行观察与评估。

（1）19—24 个月幼儿前语词记忆能力发展的观察与评估实施

★目的：了解 19—24 个月幼儿前语词记忆的发展情况。

★工具：常见的小动物图卡。

★条件：在幼儿清醒、情绪愉悦的状态下。

★焦点：观察幼儿是否能通过动物的叫声来选择相应的动物卡片，是否能根据动物卡片模仿动物的发声。

★步骤：出示小狗卡片，问幼儿："小狗怎么叫？"出示小猫卡片，问幼儿："小猫怎么叫？"成人模仿青蛙叫，出示三张小动物图片，问幼儿："是谁在叫呢？"成人模仿鸭子叫，出示三张小动物图片，问幼儿："是谁在叫呢？"同时，将观察结果记录于表 4-11 中。

表 4-11　19—24 个月幼儿前语词记忆发展的观察及评估表

	物体	表现	记录	
观察记录	小动物图卡	能够根据小动物图片模仿小动物的叫声	是	
			否	
		能够通过动物的叫声选择相应的动物卡片	是	
			否	
评估结果分析	若幼儿能通过动物的叫声选择相应的动物卡片，能根据动物卡片模仿动物的叫声，则表明幼儿的前语词记忆能力发展得很好；若幼儿能够模仿一部分小动物的叫声并且能够部分选择正确的动物卡片，则表明幼儿的前语词记忆能力发展得较好；若幼儿不能模仿常见动物的叫声或根据动物的叫声找不到相应的动物卡片，则表明幼儿前语词记忆能力还有待发展。			

（2）19—24 个月幼儿名词记忆能力发展的观察与评估实施

★目的：了解 19—24 个月幼儿语词记忆的发展情况。

★工具：皮球、牛奶、蛋糕。

★条件：在幼儿清醒、情绪愉悦的状态下。

★焦点：观察幼儿是否能够正确用单词或双语词回答成人关于刚才经历过的事情的问题。

★步骤：成人与幼儿拍皮球，并多次与幼儿强调："我们在拍皮球。"同时，让幼儿复述单词"皮球"或"球球"，持续玩 5 分钟。然后给幼儿喝一杯牛奶，吃一块蛋糕，并多次与幼儿强调:"宝宝喝一杯牛奶,吃一块蛋糕。"同时,让幼儿复述单词"牛奶"或"奶奶",复述单词"蛋糕"或"糕"。10分钟后,提问幼儿问题。同时,将观察结果填于表4-12中。

表4-12　19—24个月幼儿语词记忆发展的观察及评估表

	物体	等级评定		
		等级1	等级2	等级3
观察记录	成人	不能正确回答	试错过几次才回答正确	能够回答出"球"或"玩球"
		不能正确回答	试错过几次才回答正确	能够回答出"奶"、"牛奶"或"喝牛奶"
		不能正确回答	试错过几次才回答正确	能够回答出"蛋糕"或"吃蛋糕"
评估结果分析	若幼儿能够正确用单词或双语词回答成人关于刚才经历过的事情,则表明幼儿的语词记忆发展得很好;若幼儿能够用单词或双语词正确回答成人的大部分问题,则表明幼儿的语词记忆发展得较好;若幼儿在全部或大部分项目中都不能正确回答或要通过多次试错才能正确回答,那么幼儿的语词记忆能力值得关注。			

(3) 19—24个月幼儿儿歌记忆发展的观察与评估实施

★目的:了解19—24个月幼儿语词记忆的发展情况。

★工具:一首儿歌(比如:"小白兔,白又白,两只耳朵竖起来;爱吃萝卜和青菜,蹦蹦跳跳真可爱。")。

★条件:在幼儿情绪愉悦的状态下。

★焦点:观察幼儿是否能够自发或经提示开头后说出两句及以上儿歌。

★步骤:

(1) 连续五天,每天抽取5分钟,同幼儿一起念儿歌。

(2) 在第六天,问幼儿:"小白兔的儿歌怎么念的?"观察并记录幼儿念儿歌的具体言语表现。

(3) 如果幼儿自发念儿歌有困难,成人可以提示每句前两个字,如"小白兔",观察并记录幼儿能否接上"白又白",如果可以接上则认为幼儿说出了一句儿歌。

同时,将观察结果填于表4-13中。

表 4 - 13　19—24 个月幼儿儿歌记忆的观察及评估表

观察记录	物体	等 级 评 定		
		等级 1	等级 2	等级 3
	成人	通过提示也念不出儿歌	通过提示能够念出几句儿歌,虽然有一些错误	能够自发或经提示开头后正确念出两句及以上儿歌
评估结果分析	若幼儿自发或经提示开头后能够正确念出两句及以上儿歌,说明幼儿语词记忆的能力发展得很好;若幼儿通过提示能够念出几句儿歌,虽然有一些错误,说明幼儿语词记忆的能力发展得较好;若幼儿没有任何反应或只能说出几个词,并伴有经常说错的情况,说明幼儿语词记忆的能力值得关注。			

(二) 分析和建议

此处的分析,着重于运用上述观察和评估量表后,剖析 24 个月幼儿在"语词记忆"能力发展方面"有待提高"和"值得注意"的原因,据此给关联成人提出一些适切的建议。

1. 分析

可能的原因如下:

(1) 幼儿语言能力的发展个体性差异非常大。

(2) 这个月龄段幼儿的记忆仍然是以形象记忆为主,某些抽象的词汇可能会影响幼儿的记忆。

2. 建议

成人可以从幼儿身边熟悉事物的记忆开始,每天重复询问幼儿:"宝宝的书放在哪里?""这本书上画的是什么动物?""它怎么叫?"等,锻炼幼儿将名词同实物对应记忆的能力。在日常生活中,如果让幼儿记住并用语词表达出自己的记忆,则需要提供直观、形象、有趣味、能够引起幼儿强烈情绪体验的事物,让幼儿自然而然地记住这些词汇。比如当妈妈提到小狗时,幼儿会说家中的小狗是白色的,会汪汪叫。

成人可以跟幼儿玩以下亲子游戏,促进幼儿语词记忆能力的发展。

游戏 4 - 13：学儿歌

游戏目的： 锻炼幼儿的语言能力和语词记忆能力。

游戏准备： 简单儿歌。

游戏内容： 在日常生活中,可以寻找与生活非常相关的简单儿歌,让幼儿通过学习儿歌来认识自己所做的事情,比如洗手的时候可以教幼儿洗手的儿歌:"手心擦擦,手背擦擦,小小十指交叉叉。"

游戏 4－14：手指谣

游戏目的： 锻炼幼儿的手眼协调能力、模仿能力和语词记忆能力。

游戏准备： 小动物形象的手偶。

游戏内容： 成人给自己和幼儿的手指上套上小动物形象的指偶，以指偶的角色说话并做动作，鼓励幼儿模仿动作和语言。

第三节　思维发展的观察与评估

思维是人类所具有的高级认知活动。3 岁前幼儿的思维以直觉行动思维为主。0—2 岁婴幼儿的思维处于感知运动发展阶段，这一阶段的婴幼儿主要通过自己的感觉和运动技能来学习。大约在 18 个月到 2 岁期间，幼儿在诸如延迟模仿和象征性游戏等现象中，表现出越来越突出的心理表征迹象，幼儿可以将未出现在当前情境中的客体和事件表征为心理图片、声音、表象或其他形态，这种变化标志着前运算阶段的开始。皮亚杰认为，幼儿思维与言语真正发生的时间相同，即 2 岁左右。

一、25—36 个月幼儿

皮亚杰认为，大约在 18 个月到 24 个月期间，幼儿在诸如延迟模仿和符号游戏等现象中，表现出越来越突出的心理表征迹象。幼儿可以将未出现在当前情境中的客体和事件表征为图片、声音、表象等。这种变化标志着前运算阶段的开始。

（一）25—36 个月幼儿思维能力发展的观察与评估实施

25—36 个月幼儿"思维发展"的观察与评估分别从"依据"和"实施"两方面来进行说明和解析。

1. 观察与评估依据

2 岁以后的幼儿处于分类能力发展的第一阶段，他们在分类时主要依据事物明显的外部特征，如颜色、形状、多少等，较少考虑事物之间的关联性或相似性。

2. 观察与评估实施

下面将从长短、配对和分类三个维度对 25—36 个月幼儿的思维能力进行观察和评估。

（1）25—36 个月幼儿长短比较能力发展的观察与评估实施

★目的：了解 25—36 个月幼儿长短比较能力的发展情况。

★工具：宽度相同但长短明显不同的两块积木、两支铅笔及两块面包。

★条件：在幼儿情绪愉悦的状态下。

★焦点：观察幼儿是否能够正确指认出长的物品和短的物品。

★步骤：

① 出示长短明显不同但宽度相同的两块积木，问幼儿哪块积木长，哪块积木短，请幼儿指出。

② 出示长短明显不同但宽度相同的两支铅笔，问幼儿哪支铅笔长，哪支铅笔短，请幼儿指出。

③ 出示长短明显不同但宽度相同的两块面包，问幼儿哪块面包长，哪块面包短，请幼儿指出。

表4-14　25—36个月幼儿长短比较能力的观察及评估表

	物体	等 级 评 定		
		等级1	等级2	等级3
观察记录	长短明显不同但宽度相同的两块积木	不能正确比较	尝试错误后正确比较	立即正确比较
	长短明显不同但宽度相同的两支铅笔	不能正确比较	尝试错误后正确比较	立即正确比较
	长短明显不同但宽度相同的两块面包	不能正确比较	尝试错误后正确比较	立即正确比较
评估结果分析	若幼儿能够全部比较正确，则表明幼儿的长短比较能力发展得很好；若幼儿在错误后正确指认，则表明幼儿的长短比较能力发展得较好；若36个月幼儿全部不能正确指认，那么长短比较能力还有待发展。			

（2）25—36个月幼儿配对能力发展的观察与评估实施

★目的：了解25—36个月幼儿配对能力的发展情况。

★工具：影子配对卡片、图形配对卡片。

★条件：在幼儿情绪愉悦的状态下，让其坐在桌子前。

图4-8　影子配对卡片[1]

① 感谢吕欢欢提供。

★焦点：观察幼儿是否能够顺利配对。

★步骤：

成人出示影子配对卡片，引导幼儿观察小动物和小动物的影子，请幼儿将小动物和小动物的影子进行一一配对，成人可以给幼儿做一个配对的示范。同时，将观察结果记录于表4-15中。

图4-9　图形配对卡片

表4-15　25—36个月幼儿配对能力发展的观察及评估表

观察记录	物体	等级评定		
		等级1	等级2	等级3
	影子配对卡片	不能进行匹配	能够部分正确匹配卡片	能够匹配全部卡片
评估结果分析	幼儿若能够正确匹配全部或大部分卡片，则表明幼儿的配对能力发展得很好；若幼儿能够部分正确匹配卡片，则表明幼儿的配对能力发展得较好；若幼儿到了30个月还不能匹配卡片，则表明配对能力值得关注。			

（3）25—36个月幼儿分类能力发展的观察与评估实施

★目的：了解25—36个月幼儿分类能力的发展情况。

★工具：相同款式但是大小明显不同的衣服两套（可以是玩具衣服）、两种食品（摆成数量多少明显不同的两盘）、大小明显不同的同款小熊玩偶。

★条件：在幼儿情绪愉悦的状态下，让其坐在桌子前。

★焦点：观察幼儿是否能够按照大小、多少的维度进行分类。

★步骤：

① 给幼儿出示大小不同的小熊玩偶，问幼儿："这两只小熊，哪只大？ 哪只小？"

② 给幼儿出示大小不同的衣服，问幼儿："哪件衣服应该给小熊穿？""哪件衣服应该给大熊穿？"

③ 给幼儿出示两盘数量明显不同的食物,问幼儿:"大熊吃得多,大熊应该吃哪盘食物?小熊吃得少,小熊应该吃哪盘食物?"

表4-16 25—36个月幼儿分类能力的观察及评估表

	物体	等级评定		
		等级1	等级2	等级3
观察记录	大小不同的小熊玩偶、大小不同的衣服	三次都不能正确分类	能够正确分类一、二次	能够正确分类,并且能够正确说出大小
	大小不同的小熊玩偶、两盘数量明显不同的食物	两次都不能正确指认	能够正确指认一、二次	能够正确分类,并能正确说出多少
评估结果分析	若幼儿能够正确按照大小和多少对物品进行分类,则表明幼儿的分类能力发展得很好;若幼儿能够部分分类正确或错误后再指认正确,则表明幼儿的分类能力发展得较好;若36个月幼儿完全不能正确分类,则表明其分类能力还有待发展。			

(二) 分析与建议

此处的分析,着重于运用上述观察和评估量表后,剖析25—36个月幼儿在思维能力发展方面"有待提高"或"值得注意"的原因,据此给关联成人提出一些适切的建议。

1. 分析

可能的原因如下:

(1) 幼儿的思维发展存在一定的个体差异性。

(2) 成人与幼儿的互动水平不够,造成幼儿身边的刺激物太少,可能导致幼儿的思维认知水平较弱。

2. 建议

成人应鼓励幼儿在熟悉的生活环境中探索,用自己喜欢的方式将玩具分类、收纳。成人也应该多与幼儿进行亲子互动游戏,给幼儿提供多种适龄玩具、图书等,推动幼儿思维认知水平的发展。

成人可以跟幼儿玩以下游戏,促进幼儿思维的发展。

游戏4-15:喂小动物

游戏目的: 锻炼幼儿的分类能力。

游戏准备: 各种颜色、大小、形状不同的小积木或者卡片、自制小动物张嘴盛装物品的容器。

游戏内容： 成人出示小动物张嘴盛装物品的容器，对幼儿说："小猴子饿了，它要吃圆形的饼干。"请幼儿投入圆形的积木或卡片。然后出示其他小动物容器，按照不同的要求给小动物投喂不同颜色、形状、大小的积木或卡片。

游戏 4 - 16：找不同

游戏目的： 锻炼幼儿的观察能力、推理能力和分类能力。

游戏准备： 两堆物品，每一类物品里都混进了一个不属于这个类别的物品（比如圆形里面混进了正方形，蓝色里面混进了黄色）。

游戏内容： 成人拿出一堆物品，跟幼儿一起玩，先让幼儿认识这一堆物品的共同属性，比如都是蓝色的，然后请幼儿找出哪一个不是蓝色的并拿出来。然后，拿出另一堆物品，请幼儿找出不属于这一类的物品，并说明原因。

预警提示：

发育迟滞幼儿的显著表现之一就是思维发展迟滞，如果幼儿的思维发展明显落后于正常发育水平，那成人应该尽快带幼儿去医院进行发育水平的诊断。

本章总结

	月龄段	观察与评估聚焦内容
第一节 注意发展的观察 与评估	0—3 个月	听觉注意：头部或眼睛能转向声音发出的方向 视觉注意：眼睛能够注视并追视移动的物品
	4—6 个月	注意偏好：对复杂图案的注视时间比简单图案长
	7—9 个月	注意稳定性：能够注意、玩耍两个玩具的时长都在 10 秒以上
第二节 记忆发展的观察 与评估	10—12 个月	人脸记忆：能够认出离别了一周的熟人 常见物品记忆：能够知道常见物品的位置 图像记忆：能够在学习 10 分钟后，指认出相应的图卡
	13—18 个月	常见物品再认记忆：能够指认出自己常用的物品 声音再认记忆：能够在一周后再认出动物的声音 延迟模仿：出现延迟模仿行为（动作模仿、表情模仿和声音模仿）

	月龄段	观察与评估聚焦内容
第二节 记忆发展的观察与评估	19—24个月	前语词记忆：能通过动物的发声选择相应的动物卡片，能根据动物卡片模仿动物的发声 语词记忆：能够在10分钟后正确回答成人关于事件的提问 儿歌记忆：自发或经提示开头后能够正确念出两句及以上儿歌
第三节 思维发展的观察与评估	25—36个月	长短比较能力：能够正确比较长短明显不同的两个物品 配对能力：能够正确进行影子配对和图形配对 分类能力：能够正确按照大小和多少对物品进行分类

巩固与练习

一、简答题

1. 0—3个月婴儿注意发展的观察与评估重点是什么？

2. 简述19—24个月幼儿记忆发展的观察与评估的维度。

二、案例分析

小宝的注意力

新手妈妈小美生下小宝后，很少带小宝出门，并且为了防止阳光太强影响小宝睡觉，房间的窗帘常常是保持半开的状态。小美在喂完奶后，也很少跟小宝互动说话。

小宝虽然已6个月，但眼睛不会追视玩具，妈妈呼喊小宝的时候他也没有明显反应。

请分析小宝出现问题的可能原因并给出改善建议。

参考文献

［1］周念丽.0—3岁儿童观察与评估［M］.上海：华东师范大学出版社,2013.

［2］周念丽.0—3岁儿童心理发展［M］.上海：复旦大学出版社,2017.

［3］孟昭兰.婴儿心理学［M］.北京：北京大学出版社,1997.

［4］东方知语早教育儿中心.图解0—3岁蒙氏早教训练［M］.北京：中国人口出版社,2015.

第五章

0—3 岁婴幼儿言语

发展的观察与评估

学习重点

1. 0—3 岁婴幼儿言语理解发展的观察与评估。
2. 0—3 岁婴幼儿言语表达发展的观察与评估。

学习内容

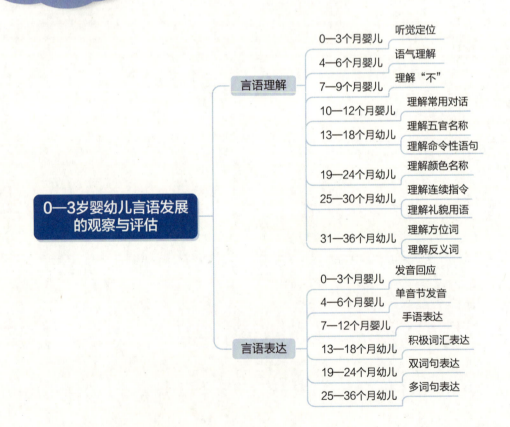

0—3岁婴幼儿言语的发展,主要是指对母语的理解和表达能力的发展。言语发展是一个连续的、有秩序的、有规律的过程,是不断由量变到质变的过程,以婴幼儿说出第一个有意义的单词为分水岭,分为了前言语阶段与言语发展阶段。对0—3岁婴幼儿言语发展进行观察与评估,有利于及时了解和掌握婴幼儿言语发展的特点及行为产生的原因,从而调整教育策略,促进婴幼儿言语的健康发展。根据0—3岁婴幼儿的实际情况,对其言语发展的观察与评估着重从言语理解和言语表达两方面展开。

第一节　言语理解发展的观察与评估

婴幼儿的言语理解是一个持续渐进的过程,依据婴幼儿言语理解发展的规律,本书将言语理解分为了语音理解、词义理解、语句理解等。本节根据婴幼儿言语理解的具体表现,将其细分为了辨别人声和音色、理解语气和语调、听声指人、听声指物、词语理解、语句理解等。

一、0—3个月婴儿

随着语言活动中枢与视听觉器官的发展,0—3个月的婴儿对语音充满了浓厚的兴趣,且偏好听人声,在倾听声音的过程中获得了多种言语刺激,这是婴儿理解言语的重要前提。

(一)3个月婴儿辨别人声能力发展的观察与评估

在此将分别从观察与评估依据、观察与评估实施两方面来进行说明和解析。

1. 观察与评估依据

本月龄段婴儿主要的言语发展表现为对声音的辨别。他们对言语敏感而好奇,偏好人的声音,喜欢听悦耳的声音,会回应成人的呼唤,到3个月时还可以将头转向发出声音的方向。

2. 观察与评估实施

下面将对3个月婴儿的言语声音能力进行观察与评估的阐述。

★目的:了解3个月婴儿对人的声音的反应情况。

★工具:无。

★条件:一位成人将婴儿竖着抱在怀中,另一位成人在婴儿斜后方1—2米处。

★焦点:婴儿听到声音后是否能将头转向声源方向。

★步骤:成人在婴儿左后方呼唤婴儿的小名约5—10秒后,移动到婴儿右后方呼唤婴

图5-1 3个月婴儿注视发声的人①

儿的小名。可重复3次。

同时,将观察记录填于表5-1中。

表5-1 3个月婴儿听觉定位能力的观察及评估表

物体		表现	记录		
观察记录	无	听到成人呼唤后能转头探寻	第一次	是	
				否	
			第二次	是	
				否	
			第三次	是	
				否	
			第＿＿次成功	月龄:	
		听到成人呼唤后能注视成人	第一次	是	
				否	
			第二次	是	
				否	
			第三次	是	
				否	
			第＿＿次成功	月龄:	

---

① 照片由秦文提供。

续表

评估结果分析	若婴儿能有 4—6 次探寻成人发出的声音并注视成人,说明其对人的声音很敏感;如有 2—4 次探寻成人发出的声音并注视成人,说明其对人的声音比较敏感;如果 3 个月婴儿起初没有探寻和注视成人行为,可以多次尝试,直到成功为止,并在成功之时记录婴儿的月龄。如直到 3 个月后还全然没有探寻和注视成人行为,则值得关注。

(二) 分析与建议

此处的分析,着重于运用上述观察和评估量表后,剖析 3 个月婴儿在"听觉定位"能力发展方面"有待提高"或"值得注意"的原因,据此给关联成人提出一些适切的建议。

1. 分析

原因可能有以下三点:

一是婴儿发展具有个体差异性。部分婴儿尤其是早产儿,在听觉反应行为上可能表现得略微迟缓。

二是婴儿营养缺乏。脑发育时期营养不足就会影响脑细胞的分裂和成熟,进而影响婴幼儿的智力水平和能力的发展,使婴儿对语音不敏感。

三是日常缺乏适宜的声音互动。在日常照料中,若照护者与婴儿的关系不亲密、互动少,周围环境过于安静或过于嘈杂都将影响婴儿的言语能力发展和行为反应。

2. 建议

首先,应注意保证婴儿营养充足。

其次,在养育过程中应多与婴儿对话。每次婴儿醒来时,与婴儿面对面微笑着轻轻说话,可以让婴儿感受到愉悦的情绪,有助于激发婴儿对言语的注意。

第三,在日常生活中多与婴儿进行声音玩具游戏或音乐游戏。婴儿对声音和音乐敏感,喜欢玩有悦耳声音的玩具,听柔和或活泼的音乐。婴儿与父母共同游戏、听音乐时,不仅让婴儿在言语上受到了良好的刺激,还可以感受到父母温暖的爱。

游戏 5-1:谁在说话

游戏目的: 激发宝宝对言语的兴趣。

游戏准备: 婴儿清醒、情绪愉悦时,平躺在柔软的床上。

游戏内容: 成人在婴儿左右耳边交替说话,如"宝宝,妈妈在这里。""宝宝,宝宝,看看妈妈。"依据婴儿的兴趣、精力和情绪确定游戏时长。

游戏 5-2:咕咕呱呱我爱说

游戏目的: 在自然环境中增加宝宝的言语刺激。

游戏准备：户外安全的自然环境。

游戏内容：待婴儿外出玩耍时，将婴儿脸朝外抱或45度角仰卧在小推车里，能看到四周的景物。成人一边走，一边向婴儿介绍周围环境，如"这是红色的花花，宝宝看见了没有？"等，婴儿注视一会儿后再继续往前走。成人一路与婴儿走走说说。

预警提示：

若出现这种情形，请引起高度重视，最好及时就医：3个月婴儿对照护者等熟悉的成人声音全然没有反应。

二、4—6个月婴儿

4—6个月婴儿虽然还不能完全理解言语的含义，但是已经能辨别成人话语中不同的音色、语调和语气，并且能够从成人口头语言表达的语调、语气里察觉到说话人的态度和情绪。到本月龄末，开始出现了话语理解的萌芽，婴儿能对熟悉、简单的词汇，如自己的名字（小名）等做出反应。

（一）4—6个月婴儿语气理解能力发展的观察与评估

在此将分别从观察与评估依据、观察与评估实施两方面来进行说明和解析。

1. 观察与评估依据

本月龄段婴儿主要的言语发展表现为对语音的理解。本月龄段婴儿对言语的音色、语调、语气非常敏感，能注意与辨别明显的音色、语调和语气，到6个月时能够对呼唤自己的成人做出反应。

图5-2 婴儿向成人伸手[1]

2. 观察与评估实施

★目的：了解4—6个月婴儿分辨不同语气的发展情况。

★工具：无。

★条件：婴儿仰卧在柔软的床或沙发上。

★焦点：婴儿是否对成人做出回应，如仰头看成人、伸出手等。

★步骤：成人面对婴儿用不同语气说话。如第一遍，用平淡、疑问的语气询问："宝宝，来抱抱？"第二遍，用愉悦、逗弄的语气说："宝宝，妈妈抱。"第三遍，用严肃、生气的语气说："宝宝，妈妈抱。"同时，将观察结果记录于表5-2中。

---

① 照片由石芸婷提供。

表5-2 4—6个月婴儿语气理解能力的观察及评估表

观察记录	物体	表现	记录（出现对应表现则标√）		
观察记录	无	听到成人疑问语气时，能睁大眼睛、皱眉头等	第一次	是	
				否	
			第二次	是	
				否	
			第三次	是	
				否	
			第____次有此反应	月龄：____	
		听到成人逗弄语气时，能咧嘴微笑、笑出声等	第一次	是	
				否	
			第二次	是	
				否	
			第三次	是	
				否	
			第____次有此反应	月龄：____	
		听到成人生气语气时，能抿嘴、哭泣等	第一次	是	
				否	
			第二次	是	
				否	
			第三次	是	
				否	
			第____次有此反应	月龄：____	
评估结果分析	若婴儿能有6—9次对不同语气有不同行为，说明其对语气很敏感；若有3—6次不同表现，说明其对语气比较敏感；若6个月的婴儿全然没有相应反应，则值得关注。				

（二）分析与建议

此处的分析，着重于运用上述观察和评估量表后，剖析6个月婴儿在"语气理解"能力发展方面"有待提高"或"值得注意"的原因，据此给关联成人提出一些适切的建议。

1. 分析

原因可能有以下两点：

一是婴儿没有受到充分的言语刺激。有些成人可能认为婴儿听不懂话而不对婴儿讲话，可能会造成婴儿对语气不敏感。

二是婴儿的安全感、信任感不足。这一时期婴儿如果没有得到成人温暖的照顾、友好的互动、言语的交流，或照护者更换频繁，都会影响婴儿的言语理解发展。

2. 建议

在日常生活中多与婴儿对话。要注意用不同的语音、语调、语气与婴儿交流，在婴儿有好的表现时，用高兴的语气赞赏他；在婴儿表现不好时，用严肃的语气教育他，并让他观察表情，通过语音、语调、表情进行情感交流。

成人可以和婴儿玩以下游戏，以促进其语气能力的发展。

游戏 5-3：亲亲手啊

游戏目的： 在游戏中增加宝宝的言语刺激。

游戏准备： 无。

游戏内容： 将婴儿抱在怀中，握住婴儿的一只小手，边轻声说话边吻他的小手："亲亲手呀（吻婴儿的小手）对，亲亲手呀（吻婴儿的小手）对，妈妈亲亲小手呀（吻婴儿的小手）对。"最后说："好香哦。"换一只手，重复一遍。

游戏 5-4：捉迷藏

游戏目的： 在游戏中熟悉妈妈的声音。

游戏准备： 丝巾一条。

游戏内容： 成人与婴儿面对面，当着婴儿的面用丝巾挡住脸，用疑惑的语气问："宝宝，宝宝，我（或妈妈）在哪里？"扯掉或帮助婴儿扯掉成人面前的丝巾，然后开心地说："我在这里！"将丝巾挡住宝宝的脸，问："宝宝呢？宝宝不见了。"扯掉或帮助婴儿扯掉面前的丝巾，用开心的语气说："宝宝在这里。"

预警提示：

若出现这种情形，请引起高度重视，最好及时就医：照护者逗引时，婴儿不感兴趣，没有开心的反应。

三、7—9个月婴儿

7—9个月婴儿进入了对言语的情境性理解阶段，即借助一定的情境与成人语调能听懂成人的话并做出反应，在前期建立词汇与具体事物、人物的联系之后，婴儿可以很好地理解此类言语。

（一）7—9 个月婴儿语义理解能力发展的观察与评估

在此将分别从观察与评估依据和实施两方面来进行说明和解析。

1. 观察与评估依据

本月龄段婴儿的言语发展主要表现为对常用词语的理解。本月龄段婴儿能够根据情境理解成人话语，听到自己的名字（小名）开始有反应，而且能够在听到"不"、"拍手"等常用词时做出相应行为。

2. 观察与评估实施

★目的：了解 7—9 个月婴儿理解"不"这个词义的发展情况。

★工具：玩具一个。

★条件：婴儿坐在柔软的床上或垫子上。

★焦点：婴儿是否能够停止拿取的动作。

★步骤：将玩具放在距婴儿 1—2 米处，当婴儿伸手取玩具玩时，对婴儿说："不动"、"不拿"，但不要做动作。同时，将观察结果记录于表 5-3 中。

表 5-3　7—9 个月婴儿理解"不"的词义的观察及评估表

	物体	表现	记录（出现对应表现则标√）		
观察记录	玩具	婴儿立即停止拿取	第一次	是	
				否	
			第二次	是	
				否	
			第三次	是	
				否	
			第＿＿次成功	月龄：＿＿	
评估结果分析	若婴儿有 3 次听到"不"时立即停止去拿玩具，说明已充分理解"不"的词义；若有 1 次听到"不"时立即停止去拿玩具，说明理解"不"的词义；若 9 个月的婴儿全然忽视停止指令，则值得关注。				

（二）分析与建议

此处的分析，着重于运用上述观察和评估量表后，剖析 9 个月婴儿在理解"不"的词义发展方面"有待提高"和"值得注意"的原因,据此给关联成人提出一些适切的建议。

1. 分析

原因可能如下:

对婴儿的日常培养不足。婴儿一般可以通过成人语调和情境将言语与物体联系起来,比如成人与婴儿玩"不许动"的游戏时,成人说"不许动",接着停止不动。经常进行这样的游戏,婴儿就会在听到"不"时,模仿成人的行为。这种联系需要成人的刻意培养,如果平时不注意,会对婴儿理解常用语的能力造成影响。

2. 建议

首先,引导婴儿学习肢体语言。人类在交流方面最通用的就是肢体语言,在本月龄,可以多教婴儿一些特定动作,让婴儿一听到某一词语就做出相应的动作,这是婴儿理解言语的基础。

第二,言语与表情、动作配合,促进婴儿的言语理解。以"不"为例,本月龄婴儿在学会拿起各种物品后会有喜欢扔东西的现象,这时对于不可以扔的东西,成人应严肃说"不"、"不可以",并表现出不喜欢、不高兴的表情动作,并指示婴儿把东西放下。

以下是帮助婴儿发展言语的小游戏,供参考。

游戏 5 - 5:不

游戏目的: 在抓握玩具游戏中引导幼儿理解玩具名称与"不"。

游戏准备: 小球一个,盒子一个。

游戏内容: 当婴儿去伸手拿盒子里的球时,发出指令:"不,不拿。"当着婴儿的面再把球放进去,婴儿伸手去拿盒子里的球时,再次发出"不,不拿"的指令,重复 3—4 次。

游戏 5 - 6:不许动

游戏目的: 引导幼儿感知"不许动"的含义。

游戏准备: 无。

游戏内容: 婴儿坐在爸爸的怀里听爸爸念儿歌,当爸爸说"不许动"时,爸爸抱着婴儿停止动作保持不动。爸爸说"继续吧"后接着念儿歌,重复 2—3 次。

四、10—12 个月婴儿

10—12 个月婴儿对言语的理解进入了新阶段,婴儿开始理解更多的常用语,如物品的名称、简单指令和常用对话等。一般到了 11 个月左右,语词逐渐从复合情境中分离出来,真正作为独立信号引起婴儿相应的反应,婴儿此时才真正理解了词语的含义。

（一）10—12 个月婴儿理解常用语能力发展的观察与评估

在此将分别从观察与评估依据和实施两方面来进行说明和解析。

1. 观察与评估依据

本月龄段婴儿主要的言语发展表现为对常用语的理解。本月龄段婴儿能够懂得常见物及人的名称，到 10 个月时会按指令指物；11 个月时，能够理解常用的对话，如"出去玩"。

2. 观察与评估实施

★目的：了解 10—12 个月婴儿理解常用对话能力的发展情况。

★工具：无。

★条件：在日常生活中进行观察。

★焦点：婴儿是否能对常用对话做出反应，如听到"我们出去玩吧"会做出奔向门口的动作；听到"和阿姨说再见"时会主动做出挥手再见的动作。

★步骤：根据焦点，观察记录婴儿的日常生活。同时，使用表 5-4 进行反复多次的观察记录。

表 5-4　10—12 个月婴儿理解常用对话能力的观察及评估表

	物体	表现	记录（出现对应表现则标"√"）		
观察记录	无	听到"奶瓶"、"妈妈"等熟悉的物品名称或人名时，会注视或手指此物（人）	第一次	是	
				否	
			第二次	是	
				否	
			第三次	是	
				否	
			第＿＿次成功	月龄：＿＿	
		听到"把××给我"的指令时，会把手中的东西递给成人	第一次	是	
				否	
			第二次	是	
				否	
			第三次	是	
				否	
			第＿＿次成功	月龄：＿＿	

物体	表现	记录（出现对应表现则标"√"）		
观察记录	听到"出去玩"等常用语时，能注视或伸手指门	第一次	是	
			否	
		第二次	是	
			否	
		第三次	是	
			否	
		第____次成功	月龄：____	
评估结果分析	若婴儿能有6—9次按照指令做出相应行为，说明婴儿对简单常用词义的理解很好；若婴儿能有3—6次按照指令做出相应行为，说明婴儿对简单常用词义的理解较好；若10—12个月的婴儿对指令完全忽视，可以多次尝试，直到成功为止，并在成功时记录婴儿的月龄。若直到12个月后还对指令全然没有反应，则值得关注。			

（二）分析与建议

此处的分析，着重于运用上述观察和评估量表后，剖析12个月婴儿在"简单日常词义"理解能力发展方面"有待提高"或"值得注意"的原因，据此给关联成人提出一些适切的建议。

1. 分析

原因可能有以下三点：

一是婴儿发展具有个体差异性。婴儿接受言语刺激和理解能力各有差异。

二是言语刺激不充分。在日常生活中有些成人由于对于婴儿的需求十分了解，当婴儿支支吾吾伸手要东西时，照护者会直接问："要这个吗？"或者直接递给婴儿，让婴儿错失学习简单词义的机会。

2. 建议

首先，多和婴儿玩认认、说说的游戏。比如带孩子在家里转一转，说常见物品的名称，让婴儿指一指；还可以和婴儿在镜子前玩"指眼睛、指鼻子"的游戏。

其次，利用生活场景与婴儿对话。在哺喂交流时，使用温柔舒缓的语调，重复的词语和短句。比如在洗澡时，围绕洗澡的过程和婴儿做语言交流，让婴儿看看浴巾、沐浴露等，告诉婴儿："我们要开始洗澡了。""这是香香的沐浴露。""水倒好了。"边洗边告诉宝宝："洗洗小脑袋"、"洗洗小手"等。

为了更好地发展婴儿的言语理解能力，以下将介绍两个游戏。

游戏 5-7：吃吃、听听

游戏目的： 引导婴儿认识常见食物与动作的名称。

游戏准备： 无。

游戏内容： 进餐时，告诉婴儿所准备的食物的名称，一边喂婴儿一边把进食的过程和状态用语言描述出来，比如张大嘴、再吃一口等。同时结合具体情境，让婴儿明白"冷、热"等形容词。

游戏 5-8：听音乐，敲小鼓

游戏目的： 引导婴儿理解儿歌中的歌词。

游戏准备： 儿歌《小星星》，发声乐器，如碰铃、小鼓。

游戏内容： 选择婴儿喜欢的儿歌，如《小星星》；成人唱念儿歌，手握婴儿的小手帮助婴儿使乐器发声，重复2—3次。

预警提示：

若12个月婴儿出现这种情形，请引起高度重视，最好及时就医：在听到"奶瓶"、"杯子"等常用词时，不会注视或手指对应的物品。

五、13—18个月幼儿

1岁以后幼儿进入言语发展阶段，他们能听懂的话远远比能说出的话多得多，即"听得多，说得少"，主要表现为对词语和语句的理解，本节将二者合称为词句，分别进行观察与评估。

（一）13—18个月幼儿词句理解能力发展的观察与评估

在此将分别从观察与评估依据和实施两方面来进行说明和解析。

1. 观察与评估依据

本月龄段幼儿主要的言语发展表现为对词语和语句的理解。本阶段幼儿所能理解的词语以名词和动词为主，名词主要包括其日常生活中经常会接触到的事物的名称以及身体器官，比如鼻子、嘴巴、耳朵等与自我认识相关的词语；婴幼儿能理解的动词则是平时常做的动作，比如走、拿等。同时，本月龄段幼儿已经能够不用凭借成人的动作或面部表情就可以完全理解成人语句中的一些具有方向性的命令性语句。

2. 观察与评估实施

下面将对 13—18 个月幼儿词句理解能力的观察与评估进行阐述。

图 5-3　幼儿照镜子①

（1）对 13—15 个月幼儿理解五官词义能力的观察与评估实施

★目的：了解 13—15 个月幼儿理解五官名称的发展情况。

★工具：无。

★条件：幼儿坐在小椅子上。

★焦点：幼儿是否能正确指出 3 个及以上五官。

★步骤：成人面对幼儿依次询问："眼睛在哪里?""耳朵在哪里?""嘴巴在哪里?""鼻子在哪里?""眉毛在哪里?"同时,使用表 5-5 进行反复多次的观察记录。

表 5-5　13—15 个月幼儿理解五官名称能力的观察及评估表

	物体	表现	记录（出现对应表现则标√）					
观察记录	无	表现 1：听到"眼睛在哪里"时正确指出眼睛 表现 2：听到"耳朵在哪里"时正确指出耳朵 表现 3：听到"嘴巴在哪里"时正确指出嘴巴 表现 4：听到"鼻子在哪里"时正确指出鼻子 表现 5：听到"眉毛在哪里"时正确指出眉毛	次数	第一次	第二次	第三次	第四次	第五次
			表现 1					
			表现 2					
			表现 3					
			表现 4					
			表现 5					
			第＿＿次成功　月龄：＿＿					
评估结果分析	若婴儿能有 8—15 次正确指出五官,说明婴儿理解五官名称的能力发展得很好;若婴儿能有 4—8 次正确指出五官,说明幼儿理解五官名称的能力发展得较好;若幼儿不能正确指出五官,可以多次尝试,直到成功为止,并在成功时记录婴儿的月龄。若直到 15 个月还全然不能正确指出五官,其能力值得关注。							

① 照片由乔娜提供。

（2）15—18个月幼儿理解命令性语义能力发展的观察与评估实施

★目的：了解15—18个月幼儿理解命令性语句的发展情况。

★工具：三块积木。

★条件：将三块积木放在婴儿面前且其可以轻易碰到的地方。

★焦点：幼儿是否能正确地将三块积木分别递给妈妈、阿姨和放在桌子上。

图5-4　幼儿伸手拿积木①

★步骤：请幼儿将三块积木分别递给妈妈、阿姨和放在桌子上，说："宝宝，把积木给妈妈（阿姨）。"妈妈、阿姨不可以伸手要。同时，使用表5-6进行反复多次的观察记录。

表5-6　15—18个月幼儿理解命令性语句能力的观察及评估表

	物体	表现		记录	
观察记录	无	正确将积木递给妈妈	第一次	是	
				否	
			第二次	是	
				否	
			第三次	是	
				否	
			第____次成功	月龄：____	
		正确将积木递给阿姨	第一次	是	
				否	
			第二次	是	
				否	
			第三次	是	
				否	
			第____次成功	月龄：____	
		正确将积木放在桌子上	第一次	是	
				否	
			第二次	是	
				否	

① 照片由乔娜提供。

	物体	表现	记录		
观察记录			第三次	是	
				否	
			第＿＿次成功	月龄：＿＿	
评估结果分析	若幼儿能有6—9次按照指令做出相应行为,说明婴儿对命令性语句的理解很好; 若幼儿能有3—6次按照指令做出相应行为,说明婴儿对命令性语句的理解较好; 若15—18个月幼儿对指令完全忽视或错误完成指令,可以多次尝试,直到成功为止,并在成功时记录幼儿的月龄。若直到18个月对指令全然没有反应,则值得关注。				

(二) 分析与建议

此处的分析,着重于运用上述观察和评估量表后,剖析18个月幼儿在"词义理解"能力发展方面"有待提高"或"值得注意"的原因,据此给关联成人提出一些适切的建议。

1. 分析

原因可能有以下两点:

一是幼儿发展具有个体差异性,幼儿对言语的理解速度有快慢之分。

二是没有提供充分的语词刺激。一岁以后幼儿虽然能理解很多新词语,但是并不会使用这些词,这类词汇被称为消极词汇。许多成人由此错误地认为幼儿并没有学会新词,就没有再注重教幼儿新词,阻碍了幼儿言语理解能力的发展。

2. 建议

首先,引导幼儿学习新词,扩大词汇量。让幼儿掌握新词汇,要尽量使用简短的话语,不要让大量多余的语言淹没了所要教的新词。

其次,多跟幼儿交谈,提供言语环境。幼儿获得的词汇,多是通过日常生活中与照护者的交谈而获得。喜欢而且善于与幼儿沟通的照护者,其子女的言语能力明显高于那些少言寡语的照护者所带的孩子。在与幼儿交流时,要注意语言的规范性、内容的丰富性。

以下提供的言语游戏,将有助于幼儿言语理解能力的发展。

游戏5-9：听儿歌

游戏目的： 引导幼儿理解常见的儿歌。

游戏准备： 儿歌《小白兔》：小白兔,白又白,两只耳朵竖起来;爱吃萝卜和青菜,蹦蹦跳跳真可爱。

游戏内容： 在固定时间给幼儿念儿歌,比如睡觉前,给幼儿念1—2遍儿歌。待幼儿熟悉后,他可能会有接尾的现象,比如成人说"小白兔,白又……"时,幼儿会接尾说"白",此时要及时鼓励幼儿。

游戏 5‐10：听声音,找朋友

游戏目的： 引导幼儿辨别与模仿动物的声音。

游戏准备： 无。

游戏内容： 散步时,看到小区里的狗或猫等宠物时,指给幼儿观察:"宝宝快看,小猫。""那个叔叔牵了一只小狗。"同幼儿说一说动物的声音:"小猫怎么叫? 喵喵喵。"模仿动物的声音,让幼儿指指是哪个动物在叫,"喵喵,宝宝,是哪个动物在叫? 小手指指。"和幼儿一起听听动物的叫声或者问问动物的主人,来判断指认是否正确,指认对了,及时鼓励幼儿。

预警提示：

若出现这种情形,请引起高度重视,最好及时就医：15—18 个月幼儿全然不明白家中常用物品的名称(如勺子、手机等)等。

六、19—24 个月幼儿

本月龄段幼儿进入了真正理解言语的阶段,其标志就是幼儿可以脱离具体情境,准确地把词句与物体或动作结合起来,幼儿的言语理解能力又登上了一个新台阶。

(一) 19—24 个月幼儿词句理解能力的观察与评估

在此将分别从观察与评估依据和实施两方面来进行说明和解析。

1. 观察与评估依据

本月龄段幼儿主要的言语发展表现为对词语和语句的理解。在词语方面,对于那些描述日常生活基本动作的词语,幼儿大都能理解了,比如"坐、看、吃、睡、打开、关上、拿、走"等。在语句方面,幼儿能够理解并按指令做两件连续的事情。

2. 观察与评估实施

下面将对 19—21 个月、22—24 个月幼儿的词句理解能力的观察与评估进行阐述。

(1) 对 19—21 个月幼儿词句理解能力的观察与评估实施

★目的：了解 19—21 个月幼儿理解颜色名称的发展情况。

★工具：红、黄、蓝、绿色的卡片各一张。

★条件：将四张卡片在幼儿面前排成一排。

★焦点：幼儿是否能正确指出红色卡片。

★步骤：成人面对幼儿询问:"宝宝,哪个是红色?"不做任何手势提示。同时,使用表 5‐5 进行反复多次的观察记录。

图5-5　四色卡片

表5-7　19—21个月幼儿理解颜色名称能力的观察及评估表

	物体	表现	记录		
观察记录	红黄蓝绿四色卡片	听到"哪个是红色?"时会手指或拿起红色卡片	第一次	是	
				否	
			第二次	是	
				否	
			第三次	是	
				否	
			第____次成功	月龄:____	
		听到"哪个是黄色?"时会手指或拿起黄色卡片	第一次	是	
				否	
			第二次	是	
				否	
			第三次	是	
				否	
			第____次成功	月龄:____	
		听到"哪个是绿色?"时会手指或拿起绿色卡片	第一次	是	
				否	
			第二次	是	
				否	
			第三次	是	
				否	
			第____次成功	月龄:____	

	物体	表现	记录		
观察记录		听到"哪个是蓝色?"时会手指或拿起蓝色卡片	第一次	是	
				否	
			第二次	是	
				否	
			第三次	是	
				否	
			第____次成功	月龄:____	
评估结果分析	若幼儿能有 8—15 次正确指出颜色卡片,说明其理解颜色名称的能力发展得很好;若有 4—8 次正确指出颜色卡片,说明其理解颜色名称的能力发展得较好;若 19—21 个月幼儿无法正确指出颜色卡片,可以多次尝试,直到成功为止,并在成功时记录幼儿的月龄。若幼儿到了 21 个月还无法正确指出颜色卡片,则值得关注。				

（2）22—24 个月幼儿词句理解能力的观察与评估实施

★目的：了解 22—24 个月幼儿理解连续指令能力的发展情况。

★工具：球一个。

★条件：将球放在幼儿面前的地上。

★焦点：幼儿是否能将球捡起来递给妈妈。

★步骤：妈妈面对幼儿，对幼儿说："宝宝，把球捡起来给我。"同时，使用表 5-8 进行反复多次的观察记录。

图 5-6　指示幼儿捡球①

表 5-8　22—24 个月幼儿理解连续指令能力的观察及评估表

	物体	表现	记录		
观察记录	球	拿起球并将球放在妈妈的手中	第一次	是	
				否	
			第二次	是	
				否	

———————————

① 照片来源：视觉中国。

观察记录	物体	表现	记录		
			第三次	是	
				否	
			第____次成功	月龄：____	
评估结果分析	若幼儿3次都能按照指令做出相应行为,说明幼儿对连续指令理解得很好;若幼儿能有1次按照指令做出相应行为,说明幼儿对连续指令理解得较好;若24个月幼儿对指令全然没有反应,则值得关注。				

（二）分析与建议

此处的分析,着重于运用上述观察和评估量表后,剖析那些24个月幼儿在"词句理解"能力发展有待提高的原因,据此给关联成人提出一些适切的建议。

1. 分析

原因可能有以下两点:

一是幼儿的发展具有个体差异性。

二是幼儿的言语缺少回应。成人如对幼儿敷衍、冷漠,持"嗯嗯"了事的态度,可能会阻碍幼儿理解新词句。

2. 建议

首先,为幼儿提供良好的言语榜样和言语示范。幼儿身边的人都是他的老师,成人要注意用丰富的面部表情、富有变化的语调、规范正确的发音、丰富准确的用词造句,为幼儿提供良好的言语模仿榜样。

其次,认真对待,激发幼儿的求知欲,保护幼儿的好奇心。在考虑到幼儿的理解和接受能力的情况下,结合图片、图书、参观、游览等方式将幼儿感兴趣的东西都不厌其烦地说出来。

成人可以和幼儿玩以下游戏,促进其词句、指令理解能力的发展。

游戏 5‑11：小喇叭

游戏目的： 引导幼儿模仿或重复成人的话。

游戏准备： 报纸做成的小喇叭。

游戏内容： 成人或幼儿拿着报纸做成的小喇叭,玩传声筒游戏。让幼儿模仿或重复成人说的话,比如妈妈在喇叭一端说:"星星亮晶晶",幼儿在另一端重复妈妈的话"星星亮晶晶"。

游戏 5‑12：小帮手

游戏目的： 引导幼儿练习听指令,完成任务。

游戏准备： 无。

游戏内容： 日常做家务时，请幼儿帮照护者传递物品，如："宝宝把抹布给妈妈"等。在日常生活情境中，鼓励幼儿动手动脑听指令。

七、25—30 个月幼儿

本月龄段幼儿对语言的理解能力迅速提高，基本能够理解成人所说的日常用语。幼儿能理解的词语达 900 个以上，不仅能够理解连续的指令，而且能够理解礼貌用语及其发生的情境。

（一）25—30 个月幼儿语句理解能力发展的观察与评估

在此将分别从观察与评估依据和实施两方面来进行说明和解析。

1. 观察与评估依据

本月龄段幼儿主要的言语发展表现为对语句的理解。25—27 个月时，幼儿能够理解并执行照护者一次发出的两个或以上指令；30 个月左右时，幼儿能够理解"谢谢"、"对不起"等礼貌用语。

2. 观察与评估实施

下面将对 25—30 个月幼儿语句理解能力的观察与评估进行阐述。

★目的：了解 25—30 个月幼儿理解 3 条连续指令的发展情况。

★工具：水杯、娃娃。

★条件：将娃娃放在幼儿面前，水杯放在距幼儿 1—2 米处的桌子上。

★焦点：幼儿是否能正确地完成指令。

★步骤：妈妈面对幼儿发出指令："把娃娃放到桌子上后把水杯给妈妈。"同时，使用表 5-9 进行反复多次的观察记录。

表 5-9　25—30 个月幼儿理解连续指令能力的观察及评估表

	物体	表现	记录		
观察记录	无	听到指令后，将娃娃放在了桌上，然后将水杯递给了妈妈	第一次	是	
				否	
			第二次	是	
				否	
			第三次	是	
				否	
			第＿＿次成功	月龄：＿＿	

评估结果分析	若幼儿能 3 次按照指令做出相应行为,说明幼儿对多条连续指令理解得很好;若幼儿能有 1 次按照指令做出相应行为,说明幼儿对多条连续指令理解得较好;若 25—30 个月幼儿对指令忽视或错误完成指令,可以多次尝试,直到成功为止,并在成功时记录幼儿的月龄。若直到 30 个月还完全不能遵守指令,则值得关注。

(二) 分析与建议

此处的分析,着重于运用上述观察和评估量表后,剖析 30 个月幼儿在"理解连续指令"能力发展方面"有待提高"或"值得注意"的原因,据此给关联成人提出一些适切的建议。

1. 分析

原因可能如下:

一是幼儿发展具有个体差异性。

二是幼儿的言语发展受家庭环境的影响。一方面受到家庭语言环境的影响,另一方面受到语言种类的影响,同时学两门及两门以上的语言,言语发展的速度也许会暂时慢一些。

三是幼儿缺少言语刺激。照护者工作繁忙,可能造成幼儿缺少言语模仿与理解。

2. 建议

一方面,在日常生活中经常与幼儿聊天。注意聊天时说话尽量慢一些,以便给幼儿反应的时间,不要用"嗯"之类的语气敷衍幼儿,如果有意培养幼儿学说外语,需注意"一人一语"原则,即一个人只说一种语言,避免幼儿弄混。

另一方面,随时随地帮助幼儿建立"音—义"之间的联系。日常生活是幼儿学习语言的基本环境,幼儿接触到的词句都是与具体的事物、动作同时出现的,即物与动作——词与句,总是同时作用于幼儿的视觉和动觉。对幼儿来说,凡是形象具体的事物,都便于理解和掌握。成人在日常生活中要把握住这一点,抓住机会教授幼儿言语。

成人可以和幼儿玩以下游戏,促进其词句、指令理解能力的发展。

游戏 5-13:听听我在说什么

游戏目的:增强幼儿理解简单句子的能力。

游戏准备:无。

游戏内容:在日常生活中,结合当时情景,说出能让幼儿理解的简单句子,比如"宝宝,跟奶奶一起回家"、"爸爸回来了,快去给爸爸拿拖鞋"等,让幼儿做出相应动作。

游戏 5-14:理解礼貌用语的宝宝

游戏目的:引导幼儿熟悉礼貌用语的使用情景。

游戏准备:带幼儿到小区幼儿聚集的地方。

游戏内容： 家长主动与邻居打招呼,说:"你好!""谢谢!"等话语,鼓励幼儿做出相应的挥手、摆手、拱手作揖等动作。

八、31—36个月幼儿

31—36个月幼儿能够理解并正确回答成人提出的各种问题,幼儿可以理解故事的主要情节,回答成人的问话,知道小伙伴的名字,能够理解部分表示时间、方位的词语。言语已经成为幼儿与成人、同伴交流的重要工具。

(一) 31—36个月幼儿语词理解能力发展的观察与评估

在此将分别从观察与评估依据和实施两方面来进行说明和解析。

1. 观察与评估依据

31—36个月幼儿逐渐能够理解上下、前后等方位词;大与小、黑与白等反义词。

2. 观察与评估实施

下面将对31—36个月幼儿词语理解能力的观察与评估进行阐述。

(1) 31—33个月幼儿理解方位词能力发展的观察与评估实施

★目的:了解31—33个月幼儿理解方位词的发展情况。

★工具:积木。

★条件:将积木放在不透明的盒子里,盒子放在地上。

★焦点:不用手指,幼儿是否能正确地完成指令。

★步骤:妈妈面对幼儿单纯发出指令,不用手指,"把盒子放在桌子上。""把盒子里的积木拿出来。""把积木放在椅子下面。"同时,使用表5-10进行反复多次的观察记录。

表5-10 31—33个月幼儿理解方位词能力的观察及评估表

物体		表现	记录		
观察记录	盒子	听指令后,能将盒子放在桌子上	第一次	是	
				否	
			第二次	是	
				否	
			第三次	是	
				否	
			第___次成功	月龄:____	

观察记录	物体	表现	记录		
	积木	听指令后,能打开盒盖拿出积木	第一次	是	
				否	
			第二次	是	
				否	
			第三次	是	
				否	
			第___次成功	月龄:___	
		听指令后,能将积木放在椅子下面	第一次	是	
				否	
			第二次	是	
				否	
			第三次	是	
				否	
			第___次成功	月龄:___	
评估结果分析		若幼儿能有6—9次按照指令将物品摆放,说明幼儿对方位词理解得很好;若幼儿能有3—6次按照指令将物品摆放,说明幼儿对方位词理解得较好;若31—33个月的幼儿全然无法按照指令摆放物品,可以多次尝试,直到成功为止,并在成功时记录幼儿的月龄。若33个月幼儿还无法按照方位词摆放物品,则值得关注。			

(2) 34—36个月幼儿理解反义词能力发展的观察与评估实施

★目的:了解34—36个月幼儿理解反义词的发展情况。

★工具:长、短木棒各一个;大、小球各一个。

★条件:将工具依次放在幼儿的面前(先放木棒,询问后再放球)。

★焦点:幼儿是否能够正确指出工具。

★步骤:将工具放在幼儿的面前,成人依次询问,并对幼儿说:"把长木棒给妈妈。""把大球给爸爸。"同时,使用表5-11进行反复多次的观察记录。

表 5-11　33—36 个月幼儿理解反义词能力的观察及评估表

	物体	表现	记录		
观察记录	长、短木棒各一个	听指令后,将长木棒递给妈妈	第一次	是	
				否	
			第二次	是	
				否	
			第三次	是	
				否	
			第____次成功	月龄:____	
	大小球各一个	听指令后,将大球递给爸爸	第一次	是	
				否	
			第二次	是	
				否	
			第三次	是	
				否	
			第____次成功	月龄:____	
评估结果分析	若幼儿能有 3—6 次正确表现,说明幼儿对反义词理解得很好;若幼儿能有 1—3 次正确表现,说明幼儿对反义词理解得较好;若 34—36 个月的幼儿全然无法按照指令拿取物品,可以多次尝试,直到成功为止,并在成功时记录幼儿的月龄。若直到 36 个月还无法按照词义拿取物品,则值得关注。				

(二) 分析与建议

此处的分析,着重于运用上述观察和评估量表后,剖析 36 个月幼儿在"方位词、反义词理解"能力发展方面"有待提高"或"值得注意"的原因,据此给关联成人提出一些适切的建议。

1. 分析

原因可能有以下两点:

一是幼儿发展具有个体差异性。

二是幼儿接触到的言语刺激不足。幼儿理解言语的前提是充足的言语输入,贫乏的语言环境,若不能提供充足的言语刺激,如老人带养幼儿,父母与幼儿交流少,自然会阻碍幼儿言语理解能力的发展。

2. 建议

首先,提供丰富的语言学习环境,丰富幼儿的语言经验。幼儿的言语同成人相比,对语境依赖的程度明显更高。成人要为幼儿提供语境,及时在情境中用言语说明,以此促进幼儿的言语理解。

其次,感受文学作品中的美。儿歌、故事一类文学作品具有生动形象、富有节奏感等特点,易于被幼儿理解和接受。让幼儿反复欣赏感受儿童文学中美的语言,可以提升幼儿的语感。

再次,在听说游戏中提升幼儿的言语理解能力。在生活中引导幼儿听不同的声音,分辨各种大小、不同强弱的声音。

成人可以和幼儿玩以下游戏,促进其词句、指令理解能力的发展。

游戏 5-15:翻翻乐

游戏目的: 激发幼儿对图书及书中事物的兴趣。

游戏准备: 婴儿布书或撕不破的书。

游戏内容: 幼儿坐在成人的腿上,打开一本适合幼儿阅读的图书。成人逐页翻书,指着图片告诉幼儿图画的内容,重复几次,让幼儿记住图片上的物品名称。成人问:"××在哪里?"引导幼儿指出相应的图片。成人将书本合上,说:"××藏起来了,我们把它找出来吧!"成人示范一页一页翻书,一旦翻到,高兴地说:"找到了!"请幼儿自己捧着书找图片。

游戏 5-16:水果派对

游戏目的: 丰富幼儿关于水果的词汇。

游戏准备: 苹果、句子、香蕉等水果,布袋。

游戏内容: 将几种水果摆放在幼儿的面前,逐一认识水果。可以指着水果问幼儿:"这是什么水果?是什么颜色?闻一闻是什么味道?摸一摸是什么感觉?"再将水果放进布袋,让幼儿手伸进布袋摸一个水果,以问答的方式帮助幼儿理解:"它是长长的吗?弯弯的吗?有点软吗?"引导幼儿猜是什么水果,并取出水果看看幼儿猜得对不对。

第二节　言语表达发展的观察与评估

婴幼儿自出生就可以发出声音,随着成长发育进程,婴儿发出的声音区分度越来越高,他们会在特定场合发出特定声音,发出的声音越来越有目的性,最终产生了语言,并随着练习更加丰富、熟练。本节根据婴幼儿言语表达的具体表现,将其细分为了简单发音、连续发音、学话萌芽、言语发展等。

一、0—3 个月婴儿

婴儿初始的喊叫伴随着呼吸的开始,这是发音器官最早的活动。0—3 个月婴儿能够发出类似元音的声音,如"哦哦"、"啊啊",这是婴儿最先发出的语音。

(一) 0—3 个月婴儿发音能力发展的观察与评估

在此将分别从观察与评估依据和实施两方面来进行说明和解析。

1. 观察与评估依据

本月龄段婴儿主要的言语表达表现为发出语音。本月龄段婴儿的发音有了最初的分化,1 个月时,婴儿能够发出细小柔和的喉音,然后逐渐发出部分元音,3 个月时,婴儿能够对成人说的话予以"咕咕喝喝"地回应。

2. 观察与评估实施

下面将对 0—3 个月婴儿的发音能力的观察与评估进行阐述。

★目的:了解 3 个月婴儿发音回应的发展情况。

★工具:儿歌一首,如《做游戏》。

★条件:婴儿仰卧在柔软的床或沙发上。

★焦点:婴儿是否能用"咕咕喝喝"的声音回应成人。

★步骤:成人面对婴儿,对婴儿念儿歌或玩游戏。

一二三,三二一,

我和宝宝做游戏,

宝宝对我笑嘻嘻。

同时,使用表 5 - 12 进行反复多次的观察记录。

表 5 - 12　3 个月婴儿发音回应能力的观察及评估表

观察记录	物体	表　　现
	无	如:婴儿是否能用"咕咕喝喝"的声音回应成人
评估结果分析	若婴儿能用"咕咕喝喝"的声音回应成人,说明婴儿发音回应的能力发展得较好;若婴儿没有明显的反应或表现沉默,说明婴儿发音回应的能力,还值得关注。	

(二) 分析与建议

此处的分析,着重于运用上述观察和评估量表后,剖析 0—3 个月婴儿在发音能力发展方面"有待提高"或"值得注意"的原因,据此给关联成人提出一些适切的建议。

1. 分析

原因可能有以下三点:

一是婴儿发展具有个体差异性,婴儿月龄越小,差异就越大。

二是婴儿口腔问题。婴儿口腔敏感,因而也容易产生一些感染,常见的如鹅口疮。

三是日常照料缺乏积极回应。本月龄段婴儿开始与成人互动,若照护者对待婴儿的情绪比较消极、没有语音回应,会影响婴儿发音的积极性。

2. 建议

积极愉悦地与婴儿"对话"。婴儿虽然还只是发出简单语音,但他们会将接收到的语音、语调和语词的信息都储存在大脑中,为言语发展打下基础。所以,应当用清晰、亲切的语调经常与婴儿对话,说出他可以看到的东西,比如"我是妈妈"、"妈妈爱你";待婴儿发出"啊、哦"的声音时,可以回应"啊,你想要说话呀"、"你说得真好"。

成人可以和幼儿玩以下游戏,促进其词句、指令理解能力的发展。

游戏 5-17:啊啊哦哦

游戏目的: 引导婴儿发出拉长的元音。

游戏准备: 无。

游戏内容: 当婴儿模糊地发出一两个元音时,成人可以模仿婴儿的元音并有意拉长,引导婴儿模仿拉长的元音。当婴儿试着发出拉长的元音时,成人可以用鼓励的表情与话语称赞婴儿,或给婴儿拥抱亲吻。

游戏 5-18:学妈妈吐舌头

游戏目的: 在游戏中训练婴儿唇舌的控制能力。

游戏准备: 无。

游戏内容: 怀抱婴儿,在离婴儿的脸20—30厘米处与婴儿对视。当婴儿望着成人的脸时,做出吐舌头的表情,为了让婴儿看清楚,等待2—3秒后,当婴儿模仿吐舌头时,及时称赞婴儿,可重复2—3次。

预警提示:

若出现以下情形,请引起高度重视,最好及时就医:

1. 不能发出细小柔和的喉音。

2. 经常尖声哭叫。

二、4—6个月婴儿

4个月开始,由于发音器官的成熟,几乎所有的婴儿都在相同的年龄开始咿呀学语,并出现相似的早期发音,这是在为不同音节的发音做准备。

(一) 4—6个月婴儿单音节发音能力发展的观察与评估

在此将分别从观察与评估依据和实施两方面来进行说明和解析。

1. 观察与评估依据

本月龄段婴儿主要的言语表达表现为双音节发音。本月龄段婴儿的发音主要体现在同一音节的连续重复发出,4—6个月时,婴儿能咂舌玩声,发出/a/、/o/、/e/等韵母,然后逐渐可以发出/g/的声音,6个月左右时,能够发出类似"咿呀"的单音节的声音。

2. 观察与评估实施

★目的:了解4—6个月婴儿单音节发音的发展情况。

★工具:无。

★条件:婴儿仰卧在柔软的床或沙发上。

★焦点:婴儿是否能发出/ba/、/ma/等音节。

★步骤:成人面对婴儿,对婴儿愉悦地说:"Baba!""Mama!",重复数次。

同时,使用表5-13进行反复多次的观察记录。

表5-13 4—6个月婴儿单音节发音能力的观察及评估表

	物体	表现	记录	
观察记录	无	婴儿是否能发出音节/ba/	是	
			否	
		婴儿是否能发出音节/ma/	是	
			否	
评估结果分析	若婴儿能发出/ba/、/ma/等音节,说明婴儿音节发音的能力发展得较好;若婴儿发音模糊不清,说明婴儿音节发音的能力发展还值得关注。			

(二) 分析与建议

此处的分析,着重于运用上述观察和评估量表后,剖析6个月婴儿在发出"单音节发音"能力发展方面"有待提高"或"值得注意"的原因,据此给关联成人提出一些适切的建议。

1. 分析

原因可能有以下三点:

一是婴儿发展具有个体差异性。

二是不正确的教养习惯。如果超过6个月还未添加辅食，会影响婴儿口腔肌肉和舌的运动机会，不利于言语发展。还有不正确的养育行为，如让婴儿躺着用奶瓶喝奶或含着奶嘴睡觉，易造成乳牙反咬合，俗称"地包天"，影响婴儿的正确发音。

三是语言刺激缺乏。若家人喜静，与婴儿交流少的情况，也不利于婴儿自然习得语音。

2. 建议

在生活中适当添加辅食，能与婴儿进行言语交流。在日常活动中，比如给婴儿穿衣、洗澡、喂奶时，经常给婴儿唱歌和说话，提高婴儿对言语的敏感性；同时坚持每天给婴儿讲故事，也可以一起随着音乐节奏跳舞，增加言语刺激。

成人可以和幼儿玩以下游戏，促进其词句、指令理解能力的发展。

游戏5-19：小白兔，白又白

游戏目的： 引导婴儿感受儿歌中的律动和语言。

游戏准备： 儿歌《小白兔》：小白兔，白又白，两只耳朵竖起来；爱吃萝卜和青菜，蹦蹦跳跳真可爱。

游戏内容： 成人抱婴儿坐在腿上，同时面对婴儿扶住婴儿腋下使其站直，一边有节奏地念儿歌，一边让婴儿在腿上随节奏一下一下地跳跃。根据婴儿的兴趣决定游戏时间。

游戏5-20：骑马

游戏目的： 引导婴儿尝试模仿发音，感受儿歌节奏。

游戏准备： 儿歌《骑马》：

小宝宝骑马，得—得—得，得—得—得；

（有节奏地抖动膝盖，说到最后一个"得"时，双腿分开。）

大将军骑马，咯—噔，咯—噔，咯—噔—咯—噔—噔。

游戏内容： 成人坐姿屈膝，让婴儿面对成人坐在成人的膝盖上，双手扶稳婴儿的腰部，边念儿歌边有节奏地抖动膝盖，念到"得"、"咯"、"噔"等音时，应清晰缓慢，吸引婴儿模仿发音。

三、7—12个月婴儿

7—12个月婴儿的言语表达，一方面是连续音节的发音，另一方面是手语的发展。婴儿手语是指能够用手势、动作、姿势与人交流，手语掌握得越多，婴儿未来掌握词汇的能力也越强。

（一）7—12个月婴儿手语的观察与评估

在此将分别从观察与评估依据和实施两方面来进行说明和解析。

1. 观察与评估依据

本月龄段婴儿的手势动作逐渐丰富，7个月左右，婴儿能够根据看到的简单的手势做出相应的反应,如拍手;10个月左右,"原始请求"、"原始交流"①出现,12个月时婴儿能用动作表示"欢迎"、"再见"等。

2. 观察与评估实施

★目的:了解7—12个月婴儿手语的发展情况。

★工具:无。

★条件:竖抱着婴儿在怀中。

★焦点:婴儿是否能做出欢迎和再见的手势,如拍手欢迎、挥手再见等。

★步骤:成人竖抱婴儿,先后说"欢迎欢迎,宝宝欢迎怎么做?""再见怎么做?"不做手势示范,鼓励婴儿用手势表示。

同时,使用表5-14进行反复多次的观察记录。

图5-7 婴儿挥手再见②

表5-14 7—12个月婴儿常用手语能力的观察及评估表

观察记录	物体	表现		记录	
观察记录	无	听到"欢迎欢迎,宝宝欢迎怎么做?"时会拍手	第一次	是	
				否	
			第二次	是	
				否	
			第三次	是	
				否	
			第＿＿次成功	月龄:＿＿	
		听到"再见怎么做?"时会挥手	第一次	是	
				否	
			第二次	是	
				否	
			第三次	是	
				否	
			第＿＿次成功	月龄:＿＿	

---

① "原始请求"是指婴儿请求别人把够不着的物体拿给他,如张开手伸向某个物体,同时伴随咿咿呀呀的语音出现。"原始交流"是指婴儿使用外在事物吸引成人注意,如把玩具举起朝向成人,成人微笑或反应后再把玩具放下来继续游戏。

② http://photocdn.sohu.com/20141228/mp627756_1419774982887_16.jpeg

评估结果分析	若婴儿能有4—6次做出指定动作,说明其手语发展得很好;若有2—4次做出指定动作,说明其手语发展得比较好;若幼儿全然没有反应,可以多次尝试,直到成功为止,并在成功时记录婴儿的月龄。若到12个月婴儿还全然没有挥手或拍手的行为,则值得关注。

(二) 分析与建议

此处的分析,着重于运用上述观察和评估量表后,剖析12个月婴儿在"婴儿手语表达"能力发展方面"有待提高"或"值得注意"的原因,据此给关联成人提出一些适切的建议。

1. 分析

原因可能有以下两点:

一是教养中过度保护婴儿的小手。本月龄婴儿能够用手抓住物品,小手比较灵活,这是手语发展的重要前提。但是有些婴儿的指甲生长得比较快,照护者由于担心婴儿抓伤自己就用手套或长袖裹住婴儿的小手,导致婴儿对外界的感知缺失,阻碍了婴儿手势的发展。

二是未注意对婴儿手语的培养。婴儿在这一阶段能够模仿成人的简单动作,但是如果成人手势、动作都较少且不注重教授婴儿手语,比如部分祖父母带养婴儿时,手势、动作都较少,婴儿缺乏模仿的对象也会造成手语能力有待发展的情况。

2. 建议

成人的手势、动作、表情应与言语协调一致。比如可以向婴儿示范拍手表示"欢迎"、"高兴",挥手表示"再见"、"不要",当婴儿做出不适宜的行为时用不愉快的表情、挥手的动作同时说"不"制止婴儿;当婴儿模仿成人的动作时,及时鼓励与表扬婴儿,促进婴儿重复表现。

成人可以和幼儿玩以下游戏,促进其词句、指令理解能力的发展。

游戏5-21:你好

游戏目的: 引导婴儿学会挥手打招呼。

游戏准备: 无。

游戏内容: 带婴儿出门散步时,遇到认识的人,成人先说"你好"并与对方挥手打招呼,然后手握婴儿的手挥一挥。

游戏5-22:对话式读书

游戏目的: 在阅读中鼓励婴儿发音与模仿言语。

游戏准备: 图画书。

游戏内容: 成人与婴儿共读一本图书,寻找婴儿感兴趣的事物或人物,向婴儿发问:"宝宝,这是什么?是娃娃哦。"并重复"娃娃"引导婴儿模仿,可根据婴儿的兴趣进行。

四、13—18 个月幼儿

自幼儿说出第一个有意义的词语时,幼儿进入了正式学习语言的阶段。幼儿的词汇量以每个月 1—3 个词的速度增加,虽然常常出现以词代句、一词多义以及词性不确定性的情况,但是不少 13—18 个月幼儿已经能够用词句进行简单表达了。

(一) 13—18 个月幼儿词汇表达能力发展的观察与评估

在此将分别从观察与评估依据和实施两方面来进行说明和解析。

1. 观察与评估依据

能理解、主动表达的词汇被称为积极词汇。本月龄段幼儿积极词汇量从 3—5 个开始逐渐增长。18 个月时,已经能够有意识地说出 10 个或以上单字或词。

2. 观察与评估实施

★目的:了解 13—18 个月幼儿积极词汇的发展情况。

★工具:无。

★条件:在日常生活中进行观察。

★焦点:成人对幼儿说:"这是什么?"幼儿能否有意识地说出 10 个或以上的字或词(爸、妈除外)等。

★步骤:根据焦点,观察记录幼儿的日常生活。同时,使用表 5 - 15 进行反复多次的观察记录。

表 5 - 15　13—18 个月幼儿使用积极词汇能力的观察及评估表

	物体	表现		说出物品名称个数
观察记录	20 件常见物品,如娃娃、水杯等	听到"这是什么"后,会说出物品名字	第一次	
			第二次	
			第三次	
			第___次成功	月龄:___
评估结果分析	若幼儿能有意识地说出 10 个以上物品的名字,说明其积极词汇量发展得很好;若幼儿能有意识地说出 5—8 个物品的名字,说明其积极词汇量发展得比较好;若 18 个月幼儿全然不能说出物品的名字,可以多次尝试,直到成功为止,并在成功时记录幼儿的月龄。若直到 18 个月后还全然无法使用积极词汇,则值得关注。			

(二) 分析与建议

此处的分析,着重于运用上述观察和评估量表后,剖析 18 个月幼儿在"积极词汇"使用能力发展方面"有待提高"或"值得注意"的原因,据此给关联成人提出一些适切的建议。

1. 分析

原因可能有以下两点:

一是幼儿会出现发音紧缩现象。在本月龄,幼儿在一岁前(前言语阶段)对所能发出的母语中有的或没有的语音在这时都不能发出,无意义的连续音节大大减少,他们往往只用手势和动作示意,独处时也停止了那种自发发音的活动,出现了一个短暂的相对沉默期。这是一种正常现象,随着幼儿积极词汇的增加会自然消失。

二是成人过于"贴心"的教养方式。照护者理解幼儿支支吾吾的言语中所表达的需求,比如幼儿手指奶瓶,发出"嗯嗯"的声音,照护者就立即将奶瓶递给幼儿。在这种情境中,幼儿发现自己的手势、模糊不清的声音,已经完全能够满足自己的需要,就失去了开口说话的主动性。

2. 建议

鼓励幼儿用言语表达自己意愿。在幼儿指向物品时,不要急着拿给他,可以问幼儿:"你是想要娃娃吗?"鼓励幼儿模仿语言,说:"娃娃",然后再将娃娃给幼儿。要在日常生活中不厌其烦地启发幼儿自己说,不要幼儿一有肢体语言就满足他,而是让幼儿自己说出,逐渐增加幼儿的词汇量。

成人可以和幼儿玩以下游戏,促进其词句、指令理解能力的发展。

游戏 5 – 23:自制图画书

游戏目的: 激发幼儿阅读兴趣、促进幼儿阅读能力的提高。

游戏准备: 自制图画书。

游戏内容: 从旧画报或旧小人书中剪下图片,做成4—5页的小图书,但书中的内容最好是幼儿熟悉的人和事物。成人在幼儿清醒、愉悦时与幼儿共读,学说图书中的事物的名称。

游戏 5 – 24:打电话

游戏目的: 在装扮游戏中提升幼儿开口说话的能力。

游戏准备: 玩具电话。

游戏内容: 成人和幼儿一个接听、一个说话,"喂? 你是谁?"等待另一方回答。如成人接听,需耐心听幼儿说话,鼓励幼儿多说话。

预警提示:

若出现这种情形,请引起高度重视,最好及时就医:18 个月的幼儿仍不能发出任何有意义的语音。

五、19—24 个月幼儿

19—24 个月幼儿语言表达的特征之一,开始使用双词句。

(一) 19—24 个月幼儿语句表达能力发展的观察与评估

在此将分别从观察与评估依据和实施两方面来进行说明和解析。

1. 观察与评估依据

本月龄段幼儿主要的言语表达表现为开始说双词句[①],即由两个词组合在一起的句子,如"妈妈抱抱"、"小狗跑"、"我要吃饭"等。

2. 观察与评估实施

★目的:了解 19—24 个月幼儿双词句使用的发展情况。

★工具:无。

★条件:在日常生活中进行观察。

★焦点:幼儿是否能有意识地说出 3—4 个字的双词句,例如看到妈妈伸出双手时会说"妈妈抱";问"小狗在做什么时"会说"小狗跑"。

★步骤:根据焦点,观察记录幼儿的日常生活。同时,使用表 5-16 进行反复多次的观察记录。

表 5-16 19—24 个月幼儿双词句表达能力的观察及评估表

	物体	表 现		记录	
观察记录	无	举例: 看到妈妈伸出双手时会说"妈妈抱"	第一次	是	
				否	
			第二次	是	
				否	
			第三次	是	
				否	
			第___次成功	月龄:___	
		举例: 看到小狗跑步时会问"小狗在干嘛",会说"小狗跑"	第一次	是	
				否	
			第二次	是	
				否	

① 双词句是由两个单词句组成的不完整句子,一般出现在 1.5—2 岁左右。

观察记录	物体	表现		记录	
		第三次		是	
				否	
		第____次成功		月龄：____	
评估结果分析	若婴儿能有 4—6 次说出双词句，说明其双词句表达能力发展得很好；若有 2—4 次发出双词句，说明其双词句表达能力发展得比较好；若幼儿全然没有反应，可以多次尝试，直到成功为止，并在成功时记录婴儿的月龄。若直到 24 个月还全然没有说出双词句的行为，则值得关注。				

（二）分析与建议

此处的分析，着重于运用上述观察和评估量表后，剖析 24 个月幼儿在"双词句表达"能力发展方面"有待提高"或"值得注意"的原因，据此给关联成人提出一些适切的建议。

1. 分析

原因可能如下：

一是幼儿说话本身具有个体差异性。

二是对幼儿的言语刺激不足。日常生活中与幼儿的对话互动不够丰富，或在此阶段频繁变换语言环境，都可能对幼儿言语表达造成影响。

2. 建议

一方面，在游戏中进行词语练习。通过一系列游戏丰富和巩固幼儿的词汇，如请幼儿向来家中的客人介绍自己的玩具，看图卡说名称等。

另一方面，培养幼儿的阅读兴趣。照护者可以在阅读时引领幼儿关注不同的东西，及时提问并鼓励幼儿自己说出绘本中的简单双词句。

成人可以和幼儿玩以下游戏，促进其词句、指令理解能力的发展。

游戏 5‐25：你问我答

游戏目的： 丰富与巩固幼儿的词汇。

游戏准备： 无。

游戏内容： 成人与幼儿一问一答，如成人问："谁会飞？"幼儿答："鸟会飞。"成人问："谁会游？"幼儿答："鱼会游。"

游戏 5 - 26：包饺子

游戏目的： 引导幼儿边做动作边学手指谣。

游戏准备： 儿歌《包饺子》：炒萝卜，炒萝卜，切切切（一手在另一手手心做切东西动作三下）；包饺子，包饺子，捏捏捏（一手在另一手手心捏三下）。

游戏内容： 幼儿舒适地躺着或与照护者面对面坐，成人面对面对幼儿表演手指谣，请幼儿跟着一步一步做，并学说儿歌。

预警提示：

若出现以下情形，请引起高度重视，最好及时就医：到 24 个月，幼儿没有口头言语表达能力。

六、25—30 个月幼儿

25—30 个月幼儿在运用语言和词汇方面有显著进步，能用 3—5 个词语组成的句子来与人交往。他们与人们的对话更加自由和顺畅，同时他们也开始能用比较完整的句子来与人交往，并学会倾听别人讲话，表达自己的要求和愿望。

（一）25—30 个月幼儿语句表达能力发展的观察与评估

在此将分别从观察与评估依据和实施两方面来进行说明和解析。

1. 观察与评估依据

本月龄段幼儿主要的言语表达表现为词句表达的发展。在语句方面，该月龄段幼儿能够说出多词句（三词句、四词句）；在词语方面，被询问名字时大多数幼儿能正确说出自己的大名或小名。

2. 观察与评估实施

下面将从"多词句"和"说名字"两个维度对 25—30 个月幼儿的语句表达能力进行观察与评估。

（1）25—27 个月幼儿语句表达的观察与评估实施

★目的：了解 25—27 个月幼儿多词句的发展情况。

★工具：无。

★条件：在日常生活中进行观察。

★焦点：幼儿是否能有意识地说出多词句（三词句、四词句）。

★步骤：根据观察焦点，观察记录幼儿的日常生活。同时，使用表 5 - 17 进行反复多次的观察记录。

表 5 - 17　25—27 个月幼儿多词句能力的观察及评估表

物体	表现		记录	
观察记录 无	举例： 出门时会说"宝宝要自己戴帽帽"	第一次	是	
			否	
		第二次	是	
			否	
		第三次	是	
			否	
		第＿＿次成功	月龄：＿＿	
	举例： 口渴时会说："宝宝要拿杯子喝水"	第一次	是	
			否	
		第二次	是	
			否	
		第三次	是	
			否	
		第＿＿次成功	月龄：＿＿	
评估结果分析	若婴儿能有 4—6 次说出多词句,说明其多词句表达能力发展得很好;若有 2—4 次说出多词句,说明其多词句表达能力发展得比较好;若幼儿在第一次测评时说不出,可以多次尝试,直到成功为止,并在成功时记录幼儿的月龄。若到 27 个月还全然无法使用多词句,值得关注。			

(2) 27—30 个月幼儿语句表达的观察与评估实施

★目的：了解 27—30 个月幼儿说自己名字的发展情况。

★工具：无。

★条件：无。

★焦点：幼儿是否能正确回答自己的名字。

★步骤：成人面对幼儿询问："你叫什么名字?"同时,使用表 5 - 18 进行反复多次的观察记录。

表 5-18 27—30 个月幼儿说自己名字能力的观察及评估表

	物体	表现		记录	
观察记录	无	听到"你叫什么名字"时,会说自己的小名	第一次	是	
				否	
			第二次	是	
				否	
			第三次	是	
				否	
			第____次成功	月龄：____	
		听到"你叫什么名字"时,会说自己的大名	第一次	是	
				否	
			第二次	是	
				否	
			第三次	是	
				否	
			第____次成功	月龄：____	
评估结果分析	若婴儿能有 4—6 次说出自己的名字,说明其表达名字的能力发展得很好;若有 2—4 次说出自己的名字,说明其表达名字的能力发展得比较好;若第一次测评时说不出可以多次尝试,直到成功为止,并在成功时记录幼儿的月龄。若直到 30 个月后还全然没有尝试说自己名字的行为,则值得关注。				

（二）分析与建议

此处的分析,着重于运用上述观察和评估量表后,剖析 30 个月幼儿在"多词句及说名字"能力发展方面"有待提高"或"值得注意"的原因,据此给关联成人提出一些适切的建议。

1. 分析

可能的原因：

一是幼儿发展具有个体差异性。

二是日常表达机会较少。

2. 建议

有计划地带幼儿直接观察外界事物,积累归纳性经验;培养幼儿注意倾听,能够听得准确、听得懂;创设幼儿说话的环境,利用一切环境与幼儿随时随地地交流,使交谈气氛轻松、愉快；在语言实践中鼓励幼儿多练习正确发音，丰富词汇。

成人可以和幼儿玩以下游戏，促进其词句、指令理解能力的发展。

游戏 5-27：身体碰碰碰

游戏目的： 引导幼儿进一步认识自己身体的各个部位。

游戏准备： 儿歌《身体碰碰碰》：找一个朋友碰一碰，找一个朋友碰一碰，碰哪里？碰××，××，××，碰一碰。

游戏内容： 成人慢速念儿歌，与幼儿玩碰身体的游戏；当听到"碰哪里？碰××"时，成人与幼儿按口令碰碰身体的这个部位，当口令结束马上分开。待幼儿熟悉后，可以请幼儿来说"碰××"。重复2—3次。

游戏 5-28：大卡车，滴滴滴

游戏目的： 引导幼儿学念儿歌，尝试替换儿歌中的水果。

游戏准备： 儿歌《大卡车，滴滴滴》：大卡车，滴滴滴（成人与幼儿手指交叉握紧然后做握方向盘的姿势，转动方向盘）；运来一车大苹果（手从上向下打开画一个圈）；我请大家尝一尝（两只手伸向前方请大家吃水果）。

游戏内容： 按照儿歌内容与幼儿进行互动，待幼儿熟悉后，与幼儿一起边念儿歌边做动作。

七、31—36 个月幼儿

31—36 个月幼儿基本掌握了语言系统和语法规则，具有一定的词汇量和语言运用技能，可以用词语来解释词语，用语言进行一般日常交际。

（一）31—36 个月幼儿语句表达能力发展的观察与评估

在此将分别从观察与评估依据和实施两方面来进行说明和解析。

1. 观察与评估依据

31—36 个月幼儿能够说出表示因果、并列关系的复合句，并能够回答与生活相关的问题。

2. 观察与评估实施

★目的：了解31—36 个月幼儿使用因果关系句的发展情况。

★工具：无。

★条件：在日常生活中进行观察。

★焦点：幼儿在日常生活中是否说过"因为……所以……"来表示因果。如当幼儿说"我要吃饭时"时，询问"为什么呀？"，他们会回答"因为饿了"。

★步骤：根据焦点，观察记录幼儿在日常生活中使用因果句的情况。同时，使用表5-19进行反复多次的观察记录。

表 5-19 31—36 个月幼儿使用复合句能力的观察及评估表

	物体	表现		记录	
观察 记录	无	听到"为什么"时,会说"因为……"	第一次	是	
				否	
			第二次	是	
				否	
			第三次	是	
				否	
			第___次成功	月龄:___	
评估结 果分析	若幼儿能 3 次都正确地使用复合句,说明其使用复合句的能力发展得很好;若有 1—2 次正确地使用复合句,说明其使用复合句能力发展得比较好;若第一次测评时无法完成,可以多次尝试,直到成功为止,并在成功时记录幼儿的月龄。若直到 36 个月还全然没有说出因果复合句,则值得关注。				

(二)分析与建议

此处的分析,着重于运用上述观察和评估量表后,剖析 36 个月幼儿在"因果复合句"使用方面"有待提高"或"值得注意"的原因,据此给关联成人提出一些适切的建议。

1. 分析

原因可能如下:

一是幼儿发展具有个体差异性。

二是幼儿说话速度与思维速度不匹配。

2. 建议

坚持与幼儿进行谈话。谈话可以是幼儿学习在一定范围内用语言与人进行交流的活动。围绕着一个中心话题,运用已有经验,宽松自由地在一起谈话,可以促进幼儿对白语言的发展。

成人可以和幼儿玩以下游戏,促进其词句、指令理解能力的发展。

游戏 5-29:手指歌

游戏目的: 引导幼儿学说五个手指的名称。

游戏准备: 无。

游戏内容: 给五个手指命名,分别为大拇哥、二拇弟、中三娘、四小弟、五小妞妞。当成人说出手指名称时,同时把说到的手指伸出来,如果幼儿伸不出来,成人可以帮助幼儿捏起手指。待幼儿熟悉后,可以请幼儿发指令,其他人伸手指,重复游戏。

游戏 5-30：上和下

游戏目的： 学用"上"与"下"的方位词来回答问题。

游戏准备： 家中的摆放物、小熊(或其他布偶)。

游戏内容： 将小熊放在幼儿的肩膀上,问"小熊跑来了! 小熊在哪里?"(在宝宝肩膀上)以此类推,放在不同的部位,如幼儿的头顶、膝盖上、脚下等,让幼儿回答。

预警提示：

若出现以下情形,请引起高度重视,最好及时就医：

(1) 满31个月会说的词不足15个。

(2) 满36个月仍没有出现自发的双词短语。

本章总结

	月龄段	观察与评估聚焦内容
第一节 言语理解发展的 观察与评估	0—3 个月	听觉定位：能探寻成人发出的声音并注视成人
	4—6 个月	理解语气能力：对不同语气有不同行为
	7—9 个月	理解"不"能力：对成人说"不"有反应
	10—12 个月	理解常用对话能力：能按照指令做出相应行为
	13—18 个月	理解五官名称：能够正确指出五官 理解命令性语句能力：按照指令做出相应行为
	19—21 个月	理解颜色名称能力：能够正确指出颜色卡片
	22—24 个月	理解连续指令能力：按照指令做出相应行为
	25—27 个月	理解连续指令能力：能按照指令做出相应行为
	28—30 个月	理解礼貌用语能力：能正确使用礼貌用语
	31—33 个月	理解方位词能力：能够按照指令将物品按方位词摆放
	34—36 个月	理解反义词能力：能够理解反义词
第二节 言语表达发展的 观察与评估	0—3 个月	发音回应能力：能用"咕咕喁喁"的声音回应成人
	4—6 个月	音节发音回应能力：能发出/ba/、/ma/等音节
	7—12 个月	常用手语能力：听到指令能做出欢迎和再见的手势
	13—18 个月	发单字音能力：有意识地说出 10 个以上物品的名字
	19—21 个月	双词句表达能力：能说出双词句

月龄段	观察与评估聚焦内容
22—24 个月	表达儿歌能力：能自发完整地说出两句或以上的儿歌（或诗句）
25—27 个月	多词句能力：能说出多词句
28—30 个月	表达名字(大名)能力：能说出自己的名字
31—33 个月	使用复合句能力：能够使用复合句
34—36 个月	回答问题能力：能够正确回答"怎么办"的问题

第二节
言语表达发展的
观察与评估

巩固与练习

一、简答题

1. 请简述 0—3 岁婴幼儿言语理解的发展特点。

2. 请简述 0—3 岁婴幼儿言语表达的发展轨迹。

3. 请根据婴幼儿在言语发展阶段的特点，为其言语教育提出建议。

二、案例分析

涛涛会叫妈妈了吗？[①]

涛涛 6 个月了，有时会对妈妈发出"m-a，m-a"的声音，妈妈高兴极了，对涛涛说："涛涛会叫妈妈了，再叫一声给妈妈听。m-a，m-a。"可是，涛涛一直很随意地发出"m-a，m-a"的声音。

1. 请分析涛涛发出"m-a，m-a"的声音的含义。

2. 请据此分析 6 个月婴儿言语表达的发展水平。

参考文献

［1］朱宗顺，陈文华.学前教育学［M］.北京：北京师范大学出版社，2019.

［2］鲍秀兰.婴幼儿养育和早期干预使用手册［M］.北京：中国妇女出版社，2019.

［3］张明红.学前儿童语言教育［M］.上海：华东师范大学出版社，2014.

［4］周念丽.0—3 岁儿童心理发展［M］.上海：复旦大学出版社，2017.

［5］张丹枫.学前儿童发展心理学［M］.北京：高等教育出版社，2019.

---

① 周念丽.0—3 岁儿童心理发展［M］.上海：华东师范大学出版社，2017：94.

第六章

0—3岁婴幼儿社会性—情绪发展的观察与评估

学习目标

1. 掌握 0—3 岁婴幼儿社会性-情绪发展观察与评估的主要方法。

2. 能根据观察与评估情况,对 0—3 岁婴幼儿社会性-情绪发展进行分析。

3. 应用观察与评估结果,对 0—3 岁婴幼儿社会性-情绪发展提出指导建议。

学习重点

1. 0—3 岁婴幼儿社会性发展的观察与评估。
2. 0—3 岁婴幼儿情绪发展的观察与评估。

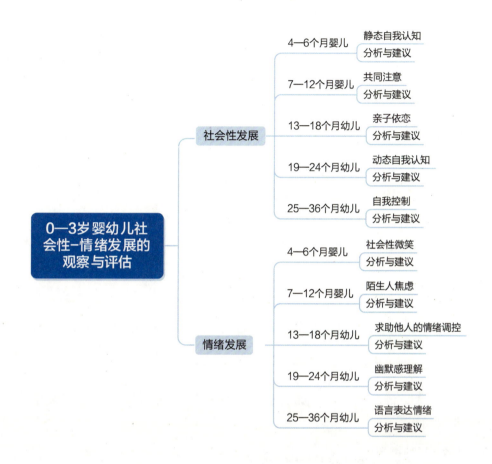

婴幼儿社会性发展是指婴幼儿从一个自然人逐渐掌握社会道德行为规范与社会行为技能，成长为一个社会人的过程。在人生发展的最初三年，婴幼儿的社会性和情绪都在快速发展，他们逐渐学会了理解他人的情绪、表达自己的情绪，学会了社会适应和与他人相处。本章根据《0—3岁婴幼儿心理发展的基础知识》中的系统划分，主要对0—3岁婴幼儿的社会性-情绪发展进行观察与评估，0—3岁婴幼儿的社会性心理发展基础可分为个体和关系两个方面。就个体而言，主要是气质、自我意识与自控能力的发展；就关系而言，包括各种人际关系的发展，主要是亲子关系和同伴关系。情绪发展可分为情绪表达、情绪理解和情绪调控。

第一节　0—3 岁婴幼儿社会性发展的观察与评估

0—3 岁婴幼儿早期社会性发展决定了婴幼儿与他人建立社会关系的基调,也是决定个体性格、情绪与社会认知的关键阶段。0—12 个月婴儿的社会性发展经历主体自我到客体自我,并在客体自我发展中增加了独立色彩,具有极其微弱的控制体验,同时表现出对自身、他人和环境进行关注和互动的发展特点,1 岁以内婴儿的社会性围绕自身的生理需要和情绪进行。0—3 个月婴儿社会性发展处于主体自我阶段,主体自我就是源于生理需求等而产生的自我,因为 0—3 个月婴儿的自我意识和他人意识处于极为微弱的萌芽状态。本节的 0—3 岁婴幼儿社会性发展观察与评估将分别从 4—6 个月、7—12 个月、13—18 个月、19—24 个月、25—36 个月这五个月龄段来进行。

一、4—6 个月婴儿

4—6 个月婴儿处于主体自我萌芽和深化阶段,在此聚焦他们的静态自我认知发展。

(一) 4—6 个月婴儿静态自我认知能力发展的观察与评估

4—6 个月婴儿"静态自我认知"能力发展的观察与评估分别从"依据"和"实施"两方面来进行说明和解析。

1. 观察与评估依据

该月龄段婴儿的"主体自我"深化体现在三个方面,感知层面提升、对呼唤自己的初步感知以及初步辨析自己。4—6 个月婴儿的"主体自我"已从纯粹的生理层面逐渐向心理层面深化,他们会更多关注自己的静止物体影像。

2. 观察与评估实施

★目的:了解 4—6 个月婴儿关注静态自我影像的情况。

★工具:镜子。

★条件:婴儿清醒状态下,情绪较好的时候。

★焦点:观察婴儿注视镜中影像时是否有面部表情和肢体动作的变化。

★步骤:将镜子横放在婴儿面前约 20 厘米处,主试者或母亲抱着婴儿,轻敲镜面,并用语言逗引婴儿:"宝宝,看看镜子里面是谁呀?"观察婴儿是否能注视镜中自己的影像,可以间隔一段时间多次进行观察与记录。用表 6-1 观察并记录下婴儿的表现。

表6-1　4—6个月婴儿关注自我影像能力的观察及评估表

	物体	表现	次数	持续时间(秒)
观察记录	镜子	出现吃惊或微笑表情或注视镜中的影像	第一次	
			第二次	
			第三次	
		伸手触摸镜中的影像	第一次	
			第二次	
			第三次	
评估结果分析	间隔一段时间,共进行3次观察记录,若婴儿有两次及以上对自己的影像有反应或伴有触摸镜中影像的肢体动作,4个月左右婴儿持续时间2秒以上,5个月左右婴儿持续时间3秒以上,6个月左右婴儿持续时间5秒以上,说明婴儿能关注到自己的静止物体影像。反之,则值得关注。		

(二) 分析与建议

此处的分析,着重于运用上述观察和评估量表后,剖析6个月婴儿在"关注自我影像"能力发展方面"有待提高"或"值得注意"的原因,据此给关联成人提出一些适切的建议。

1. 分析

可能的原因如下:

一是婴儿社会性发展中存在个体差异表现。

二是照护者和婴儿玩类似"照镜子"游戏的社会互动较少。

2. 建议

一方面,照护者可以和婴儿多互动,每天给婴儿洗脸时可以对着镜子互动:"镜子里面是谁呀？这是宝宝的嘴巴,这是宝宝的鼻子……"

另一方面,在和婴儿互动时,关注婴儿的表情和肢体动作反应,给予及时的语言反馈和动作反馈。

下面是促进4—6个月婴儿自我认知的游戏。

游戏6-1: 两个我

游戏目的: 促进4—6个月婴儿静态自我认知。

游戏准备: 一面镜子。

游戏内容: 确保镜子放稳,家长坐在一面镜子前,将婴儿抱坐到自己的腿上,和婴儿互动对话,问婴儿:"看镜子里的宝贝是谁呀?"挥动婴儿的双手,同时叫婴儿的名字,"你好,嘟嘟",挥动婴儿的小手,同时说:"嘟嘟的小手在哪里呀?"当摇动婴儿的不同身体部位时,继续用类似的问题和婴儿交流互动。

游戏 6-2:拍拍乐

游戏目的: 促进婴儿对身体部位的自我认知。

游戏准备: 成人用双手和声音完成操作。

游戏内容: 活动开始前,成人清洁双手,用食指和中指轻柔地拍打婴儿的不同身体部位。轻拍不同部位的同时告诉婴儿该部位的名称。可以参照如下互动语言和婴儿互动,"拍、拍、拍,拍拍婴儿的小脸;拍、拍、拍,拍拍婴儿的小脸",这时把婴儿的手放在他的脸颊上。重复儿歌的句式,轻拍婴儿的不同身体部位,也可以换个方式玩游戏,如用婴儿的手轻拍成人的身体部位,用上面的儿歌与婴儿互动。

二、7—12 个月婴儿

7—12 个月婴儿具有初步的同伴意识,也是以后和同伴进行互动合作的基础,对婴儿社会性发展具有重要作用。

(一) 7—12 个月婴儿共同注意能力发展的观察与评估

7—12 个月婴儿"同伴关系"能力发展的观察与评估分别从"依据"和"实施"两方面来进行说明和解析。

1. 观察与评估依据

7—12 个月婴儿的同伴意识主要体现在言行举止中表现出对同伴的兴趣和以玩具为媒介建立共同游戏基础。

2. 观察与评估实施

★目的:了解 7—12 个月婴儿与同伴共同注意玩具的情况。

★工具:婴儿玩具、爬行垫。

★条件:在安全的环境中,婴儿清醒状态下,情绪较好的时候。

★焦点:婴儿与同伴玩时是否与同伴一起注视玩具。

★步骤:将婴儿与同伴放在爬行垫上坐好,并把玩具放在他们面前,当同伴在摇晃玩具,注视着玩具,探索玩具的玩法时,婴儿是否也会注视同伴的玩具,同时使用表 6-2 记录共同注视玩具持续的时间。

表 6-2　7—12 个月婴儿与同伴共同注意能力的观察及评估表

	物体	表现	次数	持续时间(秒)
观察记录	一些婴儿玩具	主动注视同伴玩具	第一次	
			第二次	
			第三次	
		需成人引导注视同伴玩具	第一次	
			第二次	
			第三次	
评估结果分析	一段时间内,共进行 3 次观察记录,若婴儿能主动共同注意同伴玩具 6 秒以上,说明婴儿与同伴共同注意玩具的能力很强;如果婴儿能主动共同注意同伴玩具 3—5 秒,则说明婴儿与同伴共同注意玩具的能力发展得较好。若到 12 个月龄全然没有或需成人多次引导才会共同注意同伴玩具,则需关注。			

(二) 分析与建议

此处的分析,着重于运用上述观察和评估量表后,剖析 12 个月婴儿在"共同注意同伴玩具"能力发展方面"有待提高"或"值得注意"的原因,据此给关联成人提出一些适切的建议。

1. 分析

可能的原因如下:

一是婴儿社会性发展中存在个体差异表现。

二是成人的养育方式不够科学,日常生活中让婴儿与同伴接触的机会和时间比较少。

三是过度干预婴儿与同伴玩玩具的行为。

2. 建议

一方面,照护者可以给婴儿创设更多接触同伴机会。另一方面,用语言和动作鼓励婴儿与同伴一起玩玩具,促进婴儿良好同伴关系的建立。

以下提供一些同伴关系的游戏,有助于发展婴儿同伴关系。

游戏 6-3: 我们一起追玩具

游戏目的: 培养婴儿共同注意玩具。

游戏准备: 玩具 1 个,爬行垫、婴儿同伴。

游戏内容: 婴儿和同伴的照护者,在爬行垫的一侧摇晃玩具以逗引婴儿,鼓励他们从爬行垫的另一侧爬过来,看谁先拿到玩具。

游戏 6-4:玩具展示

游戏目的: 培养婴儿共同注意同伴玩具。

游戏准备: 电动小汽车、同伴或成人。

游戏内容: 同伴或成人玩互动玩具,照护者可以用"语言加动作"引导婴儿:"看,小汽车会走路了。"同时用手指向小汽车。

预警提示:

若出现以下情形,请引起高度重视,最好及时就医:

如果到了 12 个月,婴儿全然不会与同伴共同注意玩具或其他物品,则需及时咨询医生,高危自闭症谱系障碍儿童的早期症状之一就是与他人全然没有共同注意。

三、13—18 个月幼儿

13—18 个月幼儿社会性发展最主要表现为在亲子关系中幼儿对照护者的强烈依恋。因此,本年龄段聚焦幼儿的亲子关系发展进行观察与评估。

(一) 13—18 个月幼儿亲子依恋能力发展的观察与评估

13—18 个月幼儿"亲子依恋"能力发展的观察与评估分别从"依据"和"实施"两方面来进行说明和解析。

1. 观察与评估依据

13—18 个月幼儿会通过伸手接近、抓住、爬行跟随照护者等方式表现出对照护者的依恋。他们总是不自觉地寻找照护者,若照护者在视线中消失了,幼儿就会变得不安起来。

2. 观察与评估实施

★目的:了解 13—18 个月幼儿对照护者依恋的情况。

★工具:无。

★条件:婴儿清醒时,喂奶 1—2 小时后,情绪状态良好时。

★焦点:照护者离开家门时,观察幼儿的情绪和行为表现。

★步骤:照护者因工作或其他事情出门,照护者对幼儿说"宝贝,妈妈要去上班(或有事情),中午妈妈会回来",同时摇手再见,观察幼儿的情绪和动作表现。同时,使用表 6-3 进行反复多次的观察记录。

表6-3 13—18个月幼儿与照护者依恋关系的观察及评估表

	物体	表现	从不	有时	经常
观察记录	无	伸手靠近照护者			
		抓住照护者			
		爬行跟随或跑着跟随照护者			
		哭着喊妈妈			
		挥手再见			
评估结果分析		当照护者离开时,若幼儿经常出现伸手靠近照护者、抓住照护者、爬行跟随或跑着跟随照护者、哭着喊妈妈等行为,说明幼儿此时已经和照护者建立强烈依恋关系;若偶尔出现上述行为,说明幼儿对照护者有初步的依恋;若从不出现上述行为,需持续关注幼儿依恋关系的形成。			

(二)分析与建议

此处的分析,着重于运用上述观察和评估量表后,剖析13—18个月幼儿在"亲子依恋"发展方面"有待提高"或"值得关注"的原因,据此给关联成人提出一些适切的建议。

1. 分析

可能的原因如下:

一是幼儿依恋关系发展中存在个体差异表现,部分幼儿没有达到强烈依恋关系阶段,情绪和动作行为表现不明显。

二是幼儿的气质类型,如慢热型幼儿,对父母离去行为和情绪表现不明显,但内心是焦虑不安的。

三是照护者经常更换,没有固定的照护者。在日常养育过程中照护者离开家门时没有告知幼儿,而是悄悄离开,致使幼儿不理解照护者离去的行为,没有表现出与往常不同之处。

2. 建议

首先,需要相对固定的照护者,以利于依恋关系的建立,尤其是幼儿的母亲,要作为主要照护者参与到幼儿的成长过程中。

其次,照护者在工作或其他事情离开家门时,要正式告知幼儿,如"我要去上班了,中午就会回来见到宝贝了","和妈妈说再见",同时向幼儿做再见手势。

再次,针对幼儿的气质类型提供适当的养育方式,对于慢热型幼儿,需更加注重用语言、动作、情绪表达自己的想法和感受,要及时给予幼儿肯定,形成勇于表达的良好家庭氛围。

在此提供有助于缓解幼儿分离焦虑,促进亲子关系发展的游戏。

游戏 6 - 5：躲猫猫

游戏目的： 促进幼儿对物体永恒的认知，减少分离焦虑。

游戏准备： 毛巾、毛绒小动物玩具。

游戏内容： 成人可以通过以下几种方式与幼儿进行躲猫猫游戏：用手遮住自己的眼睛，把手放下来的同时微笑地看着幼儿说："妈妈/爸爸在这里。"；用一条毛巾挡在自己面前，拿开毛巾的同时微笑地看着幼儿说："妈妈/爸爸在这里。"藏在门或者大型家具后面，然后突然跳出来微笑地看着幼儿说："妈妈/爸爸在这里。"把小玩具或毛绒玩具藏在一条毛巾的下面，然后突然把毛巾拿开，微笑地看着幼儿说："玩具在这里。"

游戏 6 - 6：打招呼

游戏目的： 促进亲子关系。

游戏准备： 家里家庭成员和幼儿。

游戏内容： 成人回到家里和幼儿打招呼："妈妈/爸爸回来了！"离开家时成人和幼儿挥手说："再见！"

四、19—24 个月幼儿

19—24 个月幼儿开始出现不顺从照护者指令的现象，这是因为此月龄段幼儿的自我意识逐渐增强，因此本月龄段聚焦幼儿自我认识的发展情况进行观察与评估。

（一）19—24 个月幼儿动态自我认知能力发展的观察与评估

19—24 个月幼儿的"动态自我认知"能力发展的观察与评估分别从"依据"和"实施"两方面来进行说明和解析。

1. 观察与评估依据

19—24 个月幼儿，"这就是我"的意识逐步加强，如在视频中看到自己的形象，会表现出特别关注和喜悦的神情。

2. 观察与评估实施

★目的：了解 19—24 个月幼儿动态自我认知的情况。

★工具：1 分钟被观察幼儿的视频、1 分钟其他同龄幼儿的视频。

★条件：幼儿清醒并且情绪状况良好。

★焦点：幼儿是否知道视频中的形象就是自己。

★步骤：为幼儿拍摄 1 分钟视频并播放给该幼儿看，同时呈现 1 分钟其他同龄幼儿的视频。观察幼儿在看到自己影像时的反应。同时，使用表 6 - 4 进行反复多次的观察记录。

表 6-4　19—24 个月幼儿动态自我认知发展的观察及评估表

	物体	表现	从不	有时	经常
观察记录	无	注视视频中自我形象的时间远多于注视同龄幼儿的时间			
		对视频中自己的图像微笑,而对于同伴视频则无表情			
		看到视频中的自我形象会用手指出来,而看到同伴的视频时无此反应			
评估结果分析	若幼儿看到视频中的自我形象后同时出现关注、微笑和用手指出,说明该幼儿已有清晰的动态自我认知;若偶尔出现关注或微笑或用手指出,说明幼儿有一定的动态自我认知;若从不出现上述行为,则需持续关注。				

(二) 分析与建议

此处的分析,着重于运用上述观察和评估量表后,剖析 19—24 个月幼儿在"动态自我认知"能力发展方面"有待提高"和"值得注意"的原因,据此给关联成人提出一些适切的建议。

1. 分析

可能的原因如下:

一是幼儿自我认识发展中存在个体差异表现。

二是照护者和幼儿的社会性互动较少。成人如果忽略或没有及时回应幼儿的自我表达需求,他们的自我意识会不那么强烈。

2. 建议

一方面,照护者可以和幼儿多互动,每天给幼儿洗脸时可以对着镜子互动:"镜子里面是谁呀? 这是宝宝的嘴巴,这是宝宝的鼻子……"

另一方面,在和幼儿进行互动时,关注幼儿的表情和肢体动作反应,给予及时的语言反馈和动作反馈。

成人可以和幼儿玩以下游戏,促进其词句、指令理解能力的发展。

游戏 6-7:自得其乐

游戏目的: 引导幼儿增加对自己能力的认知,促进自我意识的发展。

游戏准备: 一面落地镜子、幼儿食物。

游戏内容: 跟幼儿一起坐在镜前,做各种动作表情,同时让幼儿观察镜中的自己,尝试让幼儿做以下动作:微笑、伸出舌头,再将舌头收回;张开嘴巴、观察牙齿、合上嘴巴,给幼儿提供一些食物,让幼儿从镜中观察自己闭嘴咀嚼食物的过程。

游戏 6 - 8:"时装表演"

游戏目的: 引导幼儿增强自我认知和秩序感。

游戏准备: 各种服饰,如帽子、手套、鞋子、裤子等,落地穿衣镜。

游戏内容: 将上述物品放在一个整理箱里,让幼儿挑选并穿上服装。装扮好后,让幼儿在家里或户外开始"时装表演",做一番展示,成人将过程用手机等拍下视频后再播放给幼儿看。可反复多次。

五、25—36 个月幼儿

25—36 个月幼儿由他律的延迟满足,发展到自律的自我控制,自我控制方面发展有了明显不同,因此本月龄段聚焦幼儿的自我控制能力发展情况进行观察与评估。

(一) 25—36 个月幼儿自我控制能力发展的观察与评估

25—36 个月幼儿"自我控制"能力发展的观察与评估分别从"依据"和"实施"两方面来进行说明和解析。

1. 观察与评估依据

25—36 个月幼儿的自律性自我控制萌芽,在此的"自我控制"是指通过价值判断和意志力对自身行为进行控制。2 岁以后的幼儿开始产生这种自我控制。

2. 观察与评估实施

★目的:了解 25—36 个月幼儿自我控制的情况。

★工具:幼儿喜欢的动画片。

★条件:幼儿清醒,情绪状态好。

★焦点:幼儿在看喜欢的动画片时,成人要求停止时能否主动关闭动画片。

★步骤:幼儿在看自己喜欢的动画片时,成人和幼儿说:"如果现在关掉电视,我们就可以出去玩",观察幼儿的反应。同时,使用表 6-5 进行反复多次的观察记录。

表 6-5 25—36 个月幼儿自我控制的观察及评估表

	物体	表现	从不	有时	经常
观察记录	幼儿喜欢的动画片	成人关闭动画片后持续哭闹			
		成人关闭动画片,哭闹一会儿就平复			
		能听从成人指令,马上关掉动画片			
评估结果分析	若幼儿听到指令后经常能主动关闭动画片,说明幼儿的自我控制表现得非常好。成人关闭动画片后幼儿有时出现哭闹情绪,且一会儿就平复,说明幼儿已经具有初步的自我控制能力。若幼儿经常性持续哭闹,说明幼儿自我控制能力较弱。				

（二）分析与建议

此处的分析，着重于运用上述观察和评估量表后，剖析 25—36 个月幼儿在"自我控制"能力发展方面"有待提高"或"值得注意"的原因，据此给关联成人提出一些适切的建议。

1. 分析

可能的原因如下：

一是幼儿自我控制发展中存在个体差异表现。部分幼儿可能还处于延迟满足阶段，没有达到自我控制阶段。

二是成人在日常互动中对幼儿规则的执行情况没有做到坚定执行，如停止看动画片，幼儿哭闹后，成人妥协，致使消极情绪被强化，幼儿不断出现消极情绪，同时很难达到自我控制。

2. 建议

一方面，照护者对幼儿执行规则需要做到温柔的坚持，当幼儿做到自我控制后要及时用语言和拥抱动作等给予肯定。

另一方面，此月龄段幼儿喜欢模仿成人的行为，要求幼儿做到的事情，成人需要先做到，成人需要注意自身的言行，进行正面榜样示范。对这个月龄段幼儿，成人可以利用游戏帮助幼儿提高自控能力。

提供以下一些自我控制的游戏，将有助于幼儿自我控制能力的发展。

游戏 6-9：小交警

游戏目的： 提高幼儿的自我控制能力。

游戏准备： 自制交警帽子，在地面粘贴交通标识。

游戏内容： 首先明确交警的职责，站在十字路口，不能到处乱动，告知幼儿直行和停止手势，其他成人可以当路人，根据小交警的指示判断是通行还是原地等待。幼儿和成人轮流当小交警，重复游戏环节。

游戏 6-10："我们都是木头人"

游戏目的： 引导幼儿在游戏中遵守规则，学会自我控制。

游戏准备： 一些小呼啦圈、音乐。

游戏内容： 五个人一起玩游戏，音乐响起，人围着椅子转圈，音乐停止，每人选择一个呼啦圈站在里面，没站在呼啦圈里的人表演节目。

预警提示：

若出现以下情形，请引起高度重视，最好及时就医：

如 30—36 个月幼儿全然不能服从成人指令，遵守起码的规则要求，到处乱跑乱动，则需及时咨询医生,甚至进行必要的筛查,因为 ADHD(俗称多动症)或 ASD(自闭症谱系障碍)儿童在 2—3 岁期间的主要表现之一就是完全没有自控能力。

第二节　0—3 岁婴幼儿情绪发展的观察与评估

情绪在婴儿出生的头几个月就开始发展,最初,婴儿的情绪反应更多是与生理需要有关。多数情况下,由强烈的外界刺激引起婴儿内脏和肌肉的节律,从而引起情绪变化。最初婴儿的情绪表现有两种——愉快和不愉快,愉快时是安静的状态,不愉快时是哭泣的状态。随着婴幼儿的成长,在这两种情绪状态的基础上逐渐分化出复杂的情绪,如快乐、好奇、愤怒、厌恶等。0—3 个月婴儿情绪表达大多出于生物因素。因此,本节将从 4—6 个月、7—12 个月、13—18 个月、19—24 个月和 25—36 个月这 5 个月龄段对 0—3 岁婴幼儿的情绪发展进行观察与评估。

一、4—6 个月婴儿

4—6 个月婴儿基本情绪的表达开始蕴含人文因素,他们的哭与笑,快乐与悲伤都开始与人际互动有关,本月龄段聚焦婴儿情绪表达中的社会性微笑能力发展的观察与评估。

(一) 4—6 个月婴儿社会性微笑能力发展的观察与评估

4—6 个月婴儿"社会性微笑"能力发展的观察与评估分别从"依据"和"实施"两方面来进行说明和解析。

1. 观察与评估依据

4—6 个月婴儿人际互动中展现社会性微笑。5 个月以后的婴儿已经意识到自己微笑的力量了,知道自己的微笑能引发别人关注。因此,当婴儿希望与他人沟通交流时,会开始尝试利用自己的微笑或欢快的叫声吸引他人的注意,以博得别人的喜爱。

2. 观察与评估实施

★目的:了解 4—6 个月婴儿社会性微笑的能力。

★工具:婴儿喜欢的玩具。

★条件:环境舒服,婴儿情绪状态较好。

★焦点:当成人逗引时,4—6 个月婴儿能否通过表情向成人展露微笑。

★步骤:婴儿躺在床上,保证周边安全舒适,照护者手持玩具,用愉悦的声调或表情等逗引婴儿,观察婴儿反应。使用表6-6进行反复多次的观察记录。

表6-6　4—6个月婴儿社会性微笑的观察及评估表

	物体	表现	从不	有时	经常
观察记录	婴儿喜欢玩具	拿玩具并用愉悦的声调逗引时,婴儿有微笑回应			
		拿玩具并用夸张的动作逗引时,婴儿微笑回应			
评估结果分析	若婴儿经常能用社会性微笑回应成人用玩具加声调及动作的逗引,则表明该婴儿已经有很强的社会互动能力;若婴儿有时能用微笑回应成人用玩具加声调或动作的逗引,表明婴儿已经有较强的社会互动能力。若6个月左右婴儿从不出现微笑回应成人,则需引起关注。				

(二) 分析与建议

此处的分析,着重于运用上述观察和评估量表后,剖析4—6个月婴儿在"社会性微笑"能力发展方面"有待提高"或"值得注意"的原因,据此给关联成人提出一些适切的建议。

1. 分析

可能的原因如下:

一是婴儿情绪发展的个别差异表现,有的婴儿还没有出现社会性微笑。

二是照护者和婴儿进行的积极情绪互动较少。在日常照护婴儿的过程中,照护者如不能用积极情绪和语言与婴儿进行互动,会影响婴儿积极情绪的获得。

2. 建议

照护者要经常用积极的情绪对待婴儿,包括愉快、轻松的语言,微笑、惬意的面部表情,促进婴儿情绪的健康发展;对于微笑能力还有待发展的婴儿,照护者要注意及时满足婴儿的各类需要,如换纸尿布、喂奶时可以面带微笑和婴儿说:"宝宝的尿布湿了,妈妈帮宝宝换新尿布,抬抬腿、抬抬小屁股";同时要经常抚触新生儿,与之进行肌肤接触,促进婴儿逐渐形成安全感;如果婴儿长时间不能表现微笑和与成人对视,则需考虑及时就医或进一步检查。

日常生活中也可以通过以下亲子游戏促进婴儿情绪表达能力的发展。

游戏6-11:宝宝按摩

游戏目的: 促进婴儿情绪表达能力的发展。

游戏准备: 婴儿床或柔软平整的平面。

游戏内容: 让宝宝仰面平躺在婴儿床或柔软平整的平面上,给予宝宝轻柔的按摩,同时微笑注视婴儿的眼睛,并叫婴儿的名字。

游戏 6-12：妈妈/爸爸爱你

游戏目的： 促进婴儿情绪表达能力的发展。

游戏准备： 成人用手臂和声音配合完成操作。

游戏内容： 手臂环抱婴儿并前后摇摆,在摆动婴儿的同时,对婴儿说"妈妈/爸爸爱你",再说到"你"时,亲吻婴儿的身体部位,如:头、鼻子等,还可以对婴儿说"你真是个可爱的宝宝"或"看宝宝的小手/小脚趾"等等。要确保抱稳婴儿,摇晃动作要轻柔。

二、7—12个月婴儿

7个月以后婴儿在基本情绪发展的同时,又有了复合情绪体验,最主要的表现是焦虑情绪的表达,因此本月龄段主要聚焦情绪表达的观察与评估。

(一) 7—12个月婴儿陌生人焦虑的观察与评估

7—12个月婴儿"陌生人焦虑"发展的观察与评估分别从"依据"和"实施"两方面来进行说明和解析。

1. 观察与评估依据

陌生人焦虑是指婴儿在陌生人接近时表现出的恐惧和戒备反应。婴儿因为对人脸认知能力的提升,他们已能够分清楚陌生人和熟人。

2. 观察与评估实施

★目的：了解7—12个月婴儿陌生人焦虑的情况。

★工具：陌生人,婴儿玩具。

★条件：婴儿清醒,情绪状态较好时。

★焦点：不同情境下,陌生人出现后,婴儿是否会哭闹。

★步骤：照护者和婴儿一起玩玩具,陌生人进入房间,靠近婴儿,并且要加入玩玩具时,观察婴儿的动作和情绪表现。同时,使用表6-7进行反复多次的观察记录。

表6-7 7—12个月婴儿陌生人焦虑的观察及评估表

	物体	表 现	从不	有时	经常
观察记录	陌生人	在照护者旁边玩时,停止玩玩具,与陌生人保持一定的距离			
		在照护者旁边玩时,停止玩玩具,要求妈妈抱和安慰			

	物体	表　现	从不	有时	经常
观察记录	陌生人	在和照护者有一定距离的地方玩时,婴儿停止玩玩具,爬到妈妈身边			
		陌生人靠近后婴儿大哭,狂哭不止			
评估结果分析		当陌生人靠近婴儿时,7—12个月婴儿如果经常出现大哭,表明婴儿有明显的陌生人焦虑;当陌生人靠近婴儿时,若在带养人旁边玩时停止玩玩具,要求妈妈抱和安慰或爬到妈妈身边,说明婴儿具有初步的陌生人焦虑,但能通过寻求成人帮助缓解焦虑情绪。若从未出现上述情况中的一种或几种,则婴儿还没有陌生人焦虑,需引起关注。			

(二) 分析与建议

此处的分析,着重于运用上述观察和评估量表后,剖析12个月婴儿"陌生人焦虑"全然没有反应或反应过度的原因,据此给关联成人提出一些适切的建议。

1. 分析

没有任何反应的可能原因是,对人脸认知的能力尚未完全形成。由于人脸认知能力的欠缺,无法区分熟识的照护者和陌生人。

过度反应的可能原因是,到陌生环境中或者见到陌生人时,陌生人有不友好的表现,照护者又没有及时关注到婴儿焦虑紧张的情绪表现,没有及时给予回应和安慰。

2. 建议

第一,加强婴儿对照护者脸面的认知。

第二,在外面见到陌生人时,一是让陌生人有礼貌地与婴儿打招呼,避免婴儿出现过度紧张情绪。同时,身边的成人应紧紧抱住婴儿,让其感到安全。

成人可以和幼儿玩以下游戏,促进其词句、指令理解能力的发展。

游戏 6 - 13:表情模仿

游戏目的： 帮助婴儿认识不同情绪。

游戏准备： 毛巾。

游戏内容： 成人用毛巾遮挡脸,拿掉毛巾,分别表演不同情绪的表情,如：开心,同时大声说"我很开心",帮助婴儿认识不同情绪,同时促进婴儿的情绪表达。

游戏 6 - 14:望着我

游戏目的： 通过说话,帮助婴儿注意成人的脸,同时体验被夸奖的愉快情绪。

游戏准备： 安全舒适的环境下。

游戏内容： 照护者面对婴儿，轻轻唱歌吸引婴儿注意，同时轻轻托住他的脸说"望着我"，当婴儿望着照护者时夸奖他。

三、13—18 个月幼儿

13—18 个月幼儿具有极为初步的情绪调控能力，主要依靠他人来调控自己的情绪，情绪调控是后续成长过程中良好情绪发展的重要基础。本月龄段主要聚焦幼儿在遇到困难后求助他人的情绪调控能力的发展情况。

（一）13—18 个月幼儿求助他人的情绪调控能力发展的观察与评估

13—18 个月幼儿"求助他人的情绪调控"能力发展的观察与评估分别从"依据"和"实施"两方面来进行说明和解析。

1. 观察与评估依据

从 13 个月左右开始，幼儿遇到问题时会主动从照护者处寻求帮助和安慰。

2. 观察与评估实施

★目的：了解 13—18 个月幼儿求助他人的情绪调控的情况。

★工具：幼儿不熟悉的物品（如新的电动汽车玩具）。

★条件：幼儿熟悉的环境，有熟悉的照护者在场，保证幼儿身体安全。

★焦点：当新的物品出现时，幼儿是否因不安而寻求成人的安慰。

★步骤：新的电动汽车放到地面，遥控汽车向幼儿方向走，观察幼儿的表现。同时，使用表 6-8 进行反复多次的观察记录。

表 6-8　13—18 个月幼儿求助他人的情绪调控的观察及评估表

	物体	表现	从不	有时	经常
观察记录	新奇物品如电动玩具	幼儿逃跑，离开玩具			
		幼儿躲避着大喊			
		幼儿跑到成人身边，让抱抱			
评估结果分析	如果经常性出现逃跑、躲避玩具等行为，表明幼儿还不具有求助他人的情绪调控的能力，其"求助他人的情绪调控"能力值得关注。如果幼儿经常性地跑到成人身边，让抱抱或者表达自己的害怕情绪，表明幼儿已经具有求助他人的情绪调控的能力。				

（二）分析与建议

此处的分析，着重于运用上述观察和评估量表后，剖析 13—18 个月幼儿在"求助他人的情绪调控"能力发展方面"有待提高"或"值得注意"的原因,据此给关联成人提出一些适切的建议。

1. 分析

可能的原因如下:

一是幼儿情绪发展存在个体差异。

二是在日常养育中,幼儿遇到消极情绪时成人没有主动回应。

2. 建议

一方面,在日常养育中成人需要及时回应幼儿的各种情绪,尤其是对害怕恐惧等消极情绪的回应,为幼儿建立安全的情绪基地。

另一方面,应允许幼儿表达情绪,不能强行制止他们消极情绪的表达。

成人可以和幼儿玩以下游戏,促进其词句、指令理解能力的发展。

游戏6－15：害怕时找妈妈

游戏目的： 帮助幼儿情绪调控。

游戏准备： 陌生人或新奇玩具。

游戏内容： 带幼儿到陌生环境中去,让他们遇见陌生人;或给幼儿呈现从未见过的新奇玩具。当幼儿表现出焦虑不安时,妈妈用非常柔和的声调和微笑召唤:"宝宝,请到妈妈这里来。"可多次反复,让幼儿形成"害怕时可以去找妈妈"的意识,从而渐渐学会通过求助他人来进行情绪调控。

游戏6－16：给情绪进行装饰

游戏目的： 帮助幼儿情绪调控。

游戏准备： 《菲菲生气了》绘本、代表不同情绪的彩纸。

游戏内容： 和幼儿一起阅读《菲菲生气了》绘本,语速不要太快,语言不要过多,引导幼儿注意每一页内容的细节和行为特点,随着情绪变化,书页色彩和轮廓勾勒都在变化,体会生气情绪。引导幼儿想一想,怎样才能让生气颜色变成开心颜色,和幼儿一起把消极情绪的颜色页面装饰一下。

四、19—24个月幼儿

幽默感是人际关系的润滑剂,19—24个月幼儿已经能从成人夸张的表情中找到乐趣。因此,幽默感对此月龄段幼儿良好人际互动的形成具有重要作用,本月龄段聚焦幽默感进行观察与评估。

（一）19—24 个月幼儿幽默感理解能力发展的观察与评估

19—24 个月幼儿"幽默感理解"能力发展的观察与评估分别从"依据"和"实施"两方面来进行说明和解析。

1. 观察与评估依据

19—24 个月幼儿对幽默感的理解主要借助成人对他们自身行为的语言或表情反馈。他们会用自己的行为吸引他人注意或者做鬼脸或模仿一些动作来展现自己。

2. 观察与评估实施

★目的：了解 19—24 个月幼儿幽默感的发展情况。

★工具：毛巾。

★条件：幼儿熟悉环境，情绪较好时。

★焦点：当成人故意做出很夸张的动作，如用力耸肩，观察幼儿是否会感兴趣并模仿。

★步骤：一个成人在幼儿前面走，做出努力耸肩的夸张动作，另一位成人观察幼儿的反应，是否会关注、大笑或模仿。同时，使用表 6-9 进行反复多次的观察记录。

表 6-9　19—24 个月幼儿社会性幽默感的观察及评估表

	物体	表　现	从不	有时	经常
观察记录	成人	非常注意走在前面的成人			
		会开心地哈哈大笑			
		也学耸肩等动作			
评估结果分析	若经常性出现以上注意、哈哈大笑甚至模仿行为，表明幼儿已经具有幽默感，知道自己的行为可以给成人带来欢笑。24 个月幼儿若从不出现上述任何一种表现，则需关注。				

（二）分析与建议

此处的分析，着重于运用上述观察和评估量表后，剖析 24 个月幼儿在"幽默感表现"能力发展方面"有待提高"或"值得注意"的原因，据此给关联成人提出一些适切的建议。

1. 分析

可能的原因如下：

一是幼儿情绪理解的个体差异，部分幼儿还没有达到此水平。

二是在日常养育中，家庭成员很少用夸张的表情和动作和幼儿互动。

2. 建议

一方面,对于幼儿的一些积极的肢体动作和表情,成人应及时给予关注和回应,可以用夸张的表情来表达自己的感受,让幼儿感受到自己的动作和行为可以给成人带来快乐。

另一方面,幼儿在"逗"大人时,大人会用喜悦的表情、夸张的声调予以回应,这时他们便通过和成人玩这样的互动游戏来理解"有趣"这一幽默感了,通过日复一日地与成人玩有趣的游戏,幼儿理解他人幽默感的能力也在增强。

也可以通过以下游戏,推动幼儿幽默感的发展。

游戏 6-17:跟我学

游戏目的: 发展幼儿的幽默感。

游戏准备: 一些表情图片。

游戏内容: 成人和幼儿轮流抽取一张图片,成人先用夸张的表情和语言描述图片上的内容,幼儿模仿。之后幼儿抽取图片,呈现内容,成人模仿。也可以家庭成员都参加进来,促进幼儿用表情和语言理解情绪,表达情绪。

游戏 6-18:时装秀

游戏目的: 发展幼儿的幽默感。

游戏准备: 被单、浴巾、毛巾等物品;成人衣服、幼儿衣服等物品和装饰品。

游戏内容: 成人将被单做成披风的样子穿在身上,或者把幼儿的衣服套在胳膊上,进行时装表演,之后给幼儿也进行装扮,家庭成员可以当观众配合,幼儿在感受欢快的气氛中逐渐提升幽默感。

五、25—36个月幼儿

25个月的幼儿,伴随着语言、步行等动作的发展,特别是自我意识的增强,他们在情绪表达上更趋多样化。在此主要聚焦他们通过语言表达情绪能力的观察与评估。

(一) 25—36个月幼儿语言表达情绪能力发展的观察与评估

25—36个月幼儿"语言表达情绪"能力发展的观察与评估分别从"依据"和"实施"两方面进行说明和解析。

1. 观察与评估依据

随着语言能力增长,幼儿开始尝试用自己的语言表达自己的情绪和情感,有时还会与别人讨论自己的情绪感受。

2. 观察与评估实施

★目的:25—36个月幼儿语言表达情绪的情况。

★工具：玩具。

★条件：安全环境，幼儿情绪状态良好时。

★焦点：成人要求幼儿停止其正在进行的事情，观察幼儿用语言表达心情的能力。

★步骤：先让幼儿玩玩具，到吃饭时间，成人要求停止玩玩具，幼儿不开心，成人引导幼儿："你能说一说你现在的感受吗？"同时，使用表 6 - 10 进行反复多次的观察记录。

表 6 - 10　25—36 个月幼儿语言表达情绪的观察及评估表

	物体	表现	从不	有时	经常
观察记录	玩具	幼儿哭闹或者不说话			
		成人引导下幼儿说出"不开心"			
		直接说"不开心"、"不高兴"等情绪表达的词语			
评估结果分析	若幼儿能主动说出"不开心"、"不高兴"等语言，表明幼儿用语言表达情绪的能力发展得非常好。若在成人的引导下幼儿可以说出"不开心"、"不高兴"等语言，表明幼儿已经能用语言表达情绪。若到了 36 个月幼儿还经常性地哭闹或者不说话，全然不能用语言表达自己的情绪，则值得关注。				

（二）分析与建议

此处的分析，着重于运用上述观察和评估量表后，剖析 36 个月幼儿在"语言表达情绪"能力发展方面"有待提高"或"值得注意"的原因，据此给关联成人提出一些适切的建议。

1. 分析

可能的原因如下：

一是幼儿的情绪表达发展存在个体差异。

二是日常养育中成人用相关语言表达情绪的示范和互动较少。

2. 建议

一方面，日常生活中照护者应多与幼儿进行情绪表达的语言互动和示范，促进幼儿用语言进行情绪表达的能力的发展。

另一方面，照护者可以为幼儿提供正确的情绪名称，来形容幼儿的当下心情。除了"想不想要"、"喜不喜欢"、"怎么了"等这些情绪相关语言外，一般的情绪名称，如"生气、高兴、开心"等都可以提供给幼儿。

也可以通过以下游戏促进幼儿的情绪表达和情绪理解。

游戏 6 - 19：你的心情我来猜

游戏目的： 帮助幼儿理解情绪和学会表达情绪。

游戏准备：各种表达心情的卡片。

游戏内容：家长和幼儿分别挑选出表达自己"开心"或"伤心"等的心情图卡，用简单语言分别轮流表述图卡所表现的情绪，帮助幼儿逐渐学会用语言表达自己的情绪。

游戏 6－20：比手画脚

游戏目的：促进幼儿的情绪表达和认识情绪。

游戏准备：信封、不同情绪的表情图案。

游戏内容：将一信封袋内装入不同情绪的表情图案，家庭成员和幼儿依次从信封袋内抽取一张情绪表情图案，当一人抽到后必须以肢体动作或声音来表达自己所抽到的表情图案，让其他人猜测情绪名称。

本章总结

	月龄段	观察与评估聚焦内容
第一节 0—3 岁婴幼儿社会性发展的观察与评估	4—6 个月	自我认知：静态自我认知
	7—12 个月	同伴关系：共同注意
	13—18 个月	亲子关系：亲子依恋
	19—24 个月	自我认知：动态自我认知
	25—36 个月	自我控制：自我控制
第二节 0—3 岁婴幼儿情绪发展的观察与评估	4—6 个月	情绪表达：社会性微笑
	7—12 个月	情绪表达：陌生人焦虑
	13—18 个月	情绪调控：求助他人的情绪调控
	19—24 个月	情绪理解：幽默感理解
	25—36 个月	情绪表达：语言表达情绪

巩固与练习

一、简答题

1. 19—24 个月幼儿幽默感理解的观察与评估的要点是什么？

2. 如何观察与评估婴儿的陌生人焦虑？

二、案例分析

嘟嘟为什么经常吵闹？

28个月的嘟嘟小朋友，经常出现哭闹情绪。看电视的时间到了，要求他停止看电视，嘟嘟会一直哭闹。在超市里看到喜欢的玩具，要求爸爸妈妈买，如果爸爸妈妈没有买，也会坐在地上哭一阵。面对嘟嘟经常出现负面情绪，爸爸妈妈也束手无策！

请制订一个观察评估计划来对嘟嘟的情绪表达进行观察与评估，并给嘟嘟的父母提供相关建议以调解嘟嘟的负面情绪。

参考文献

[1] 周念丽.0—3岁儿童观察与评估[M].上海：华东师范大学出版社,2013.

[2] 钱文.0—3岁儿童社会性发展与教育[M].上海：华东师范大学出版社,2014.

[3] 李燕.学前儿童的情绪教育理论与实践[M].北京：北京大学出版社,2014.

[4] 劳拉·E·伯克.伯克毕生发展心理学(第4版)[M].陈会昌,等,译.北京：中国人民大学出版社,2014.

致 谢

在系列课程开发过程中,华东师范大学周念丽教授团队、首都儿科研究所关宏岩研究员团队、中国疾病预防控制中心营养与健康所黄建研究员团队、CEEE 团队养育师课程建设项目工作人员为最终成稿付出了巨大的努力和心血,在此致以崇高的敬意和衷心的感谢!北京三一公益基金会、北京陈江和公益基金会、澳门同济慈善会(北京办事处)率先为此系列课程的开发提供了重要和关键的资助,成稿之功离不开三方的大力支持,在此表示诚挚的感谢!也衷心感谢华东师范大学出版社在系列教材出版过程中给予的大力支持和协助!另外,尽管几经修改和打磨,系列教材内容仍然难免挂一漏万,不足之处还请各位读者多多指教,我们之后会持续地修改和完善这套系列教材!

最后,我还想特别感谢一直以来为 CEEE 婴幼儿早期发展研究及系列课程开发提供重要资助和支持的基金会,没有他们的有力支持,我们很难在这个领域潜心深耕这么久,衷心感谢(按照机构拼音的首字母排列):澳门同济慈善会(北京办事处)、北京亿方公益基金会、北京三一公益基金会、北京陈江和公益基金会、北京情系远山公益基金会、北京观妙公益基金会、戴尔(中国)有限公司、福特基金会、福建省教育援助协会、广达电脑公司、广州市好百年助学慈善基金会、广东省唯品会慈善基金会、郭氏慈善信托、国际影响评估协会、和美酒店管理(上海)有限公司、亨氏食品公司、宏基集团、救助儿童基金会、李谋伟及其家族、联合国儿童基金会、陆逊梯卡(中国)投资有限公司、洛克菲勒基金会、南都公益基金会、农村教育行动计划、瑞银慈善基金会、陕西妇源汇性别发展中心、上海煜盐餐饮管理有限公司、上海胤胜资产管理有限公司、上海市慈善基金会、上海真爱梦想公益基金会、深圳市爱阅公益基金会、世界银行、思特沃克、TAG 家族基金会、同一视界慈善基金会、携程旅游网络技术(上海)有限公司、依视路中国、徐氏家族慈善基金会、亚太经济合作组织、亚太数位机会中心、云南省红十字会、浙江省湖畔魔豆公益基金会、中国儿童少年基金会、中国青少年发展基金会、中山大学中山眼科医院、中华少年儿童慈善救助基金会、中南成长股权投资基金。